日常生活中的博弈论

舒娅 · 著

中国纺织出版社有限公司

内 容 提 要

博弈论就是在幽明之间观察人类的行为，时刻提醒你在作决策的时候，也要把别人的决策考虑进来。本书摒弃烦琐的数学模型和常见的囚徒困境，以应用心理学理论为基础，着重介绍博弈论在日常生活和工作中的运用，丰富的案例不仅可以启发你的思维，还能指导你的行为。

如果你想要一本关于博弈论的入门读物，本书是你不错的选择。

图书在版编目（CIP）数据

日常生活中的博弈论 / 舒娅著. —北京：中国纺织出版社有限公司，2020.8

ISBN 978-7-5180-7438-9

Ⅰ.①日… Ⅱ.①舒… Ⅲ.①应用心理学—通俗读物 Ⅳ.①B849-49

中国版本图书馆CIP数据核字（2020）第083559号

策划编辑：郝珊珊　　责任校对：韩雪丽　　责任印制：储志伟

中国纺织出版社有限公司出版发行

地址：北京市朝阳区百子湾东里A407号楼　邮政编码：100124

销售电话：010—67004422　传真：010—87155801

http：//www.c-textilep.com

中国纺织出版社天猫旗舰店

官方微博http：//weibo.com/2119887771

佳兴达印刷（天津）有限公司印刷　各地新华书店经销

2020年8月第1版第1次印刷

开本：710×1000　1/16　印张：12

字数：168千字　定价：39.80元

序言

生活犹如一盘错综复杂的棋，每个人都是棋手，每种行为都如同在看不见的棋盘上布子。艰难的是，这并非一场单人游戏，无论你扮演什么样的社会角色，只要你还与外界发生着信息交换、人际往来，你就无法阻止心与心的碰撞，无法避开与他人的博弈。

就如诺贝尔经济学奖获得者保罗·萨缪尔森所说：“要想在现代社会做个有价值的人，你就必须对博弈论有个大致的了解。也可以这样说，要想赢得生意，不可不学博弈论；要想赢得生活，同样不可不学博弈论。”

在构思这本书的框架时，我考虑了很久，最后还是决定，就以生活中最常见的问题、最让人费解的琐事为切入点，展开对博弈的叙述。因为，生活就是由这些琐碎的小事串联起来的，每一个细微的选择，都是一次看不见的博弈。回想起自己曾经遇到过的诸多困扰，以及在自己身边或网络上看到的一些现象，发觉大都能够结合博弈的原理找到解析。

当我工资只有两千块钱的时候，我想象着月薪一万块钱应该是特别幸福的，可这个憧憬变成现实后，我并没有当初预想得那么快乐，因为博弈论中存在一个幸福递减定律，即人们从所获得的事物中感受到的满足感和幸福感，会随着所得到事物的增加而递减。

当昔日的同学开口向我提出了一个不太起眼的小请求，我就欣然同意了，对方也很感激。时隔不久，同学又向我提出了一个较大的要求，我内心不太情愿，却不知道该怎么拒绝了。看过了博弈论，我方才明白，心理学上有一个

“登门槛效应”，人都不愿意接受较高较难的要求，但对于那些较小的、较容易满足的要求，却很乐于接受。在实现了较小的要求后，人们会比较容易地接受较大的要求。换句话说，人都愿意把自己调整成前后一贯、首尾一致的形象，哪怕别人的要求有些过分，为了维护印象的一贯性，也会违背意愿继续下去。

这样的情形还有很多，比如，为什么有人为了爱倾其所有，对方却还是想要逃离这段关系？两个人在合作中都作出了理性的选择，结果却两败俱伤？欲说服他人接受自己的观点时，怎么讲道理对方都充耳不闻？在人前流露出自己的弱势，会不会被人碾压？想获得朋友的好感，为什么要让他显得比自己优越？这些细枝末节的问题，里面都掺杂着博弈。

生活无时无刻都充满着较量，但这份较量并不是一场你输我赢的游戏，博弈的最终目的也不是要分出高低胜负。因为，生活不是权术的较量，人是有血有肉的情感之躯，彼此的关系不应该是对抗的。我们需要借助博弈论，开启一扇全新的思维之窗，在生活中更好地理解自己和他人，帮助自己提高选择的质量，做出合理的决策，更多地实现双赢的美好结局。

目录

01 | 有人送了鸟笼，你会不会买一只鸟？

——警惕空鸟笼效应，惯性不总是对的

现在，请你认真思考一个问题：你是自己的主人吗？

这问题似乎不太好回答，对吗？如果承认“我”是自己的主人，但有时自己做出的行为却并非完全出于意愿，甚至某些事情是违背内心的意愿做出的选择；如果否认“我”是自己的主人，那就等于放弃了支配自己行为意志的权利，甘愿沦为一枚棋子，有谁愿意如此呢？

对于此问题，完全承认与否认都不太合适，只能说每个人都不完全是自己的主人。为什么会出现这样的情况呢？这就牵扯到了“空鸟笼效应”，它是人类无法抗拒的十种心理之一。

甲对乙说：“如果我送你一只鸟笼，并且挂在你家中最显眼的地方，我保证你过不了多久就会去买一只鸟回来。”乙不以为然地说：“养只鸟多麻烦啊，我是不会去做这种傻事的。”

于是，甲就去买了一只漂亮的鸟笼挂在乙的家中。接下来，只要有人看见那只鸟笼，就会问乙：“你的鸟什么时候死的，为什么死了啊？”不管乙怎么解释，客人还是很奇怪，如果不养鸟，挂个鸟笼干什么？最后，人们开始怀疑乙的脑子出了问题。乙只好去买了一只鸟放进鸟笼里，因为这比无休止地向大家解释要简单得多。

在人际关系中，思维定势是一个很强大、很顽固的影响力，故事中的乙就是无法忍受被人用习惯思维的逻辑推理误解，最终选择屈服于强大的惯性思维。这种思维影响着生活中绝大多数人的行为模式和思考方式。

依据这一心理效应，我们便能明白，为什么“你不完全是自己的主人”。“你”之所以成为“你”，不仅仅是因为“你”具备了某些内在的特质，更重要的是“你”受到了外部因素的影响，这些因素可能来自于父母、朋友、同事，也可能来自整个社会环境。

父母是对孩子产生深远影响的“第一人”。在早期的亲子关系中，孩子是

通过模仿父母来区分自我和他人的，也是从父母那里学会对自我的定义和评价的。父母怎么看待孩子，孩子就会如何看待自己，如果一个孩子是在鼓励和支持中成长起来的，能够参与到家庭重要事情的计划和决策中，那么他成年后的自尊水平也比较高。倘若父母本身的自尊水平较低，只是通过溺爱或打骂的方式对待孩子，孩子就很难感受到温暖和亲密，他们在日后衡量自己的行为标准方面也会存在偏颇。

心理学家库利曾经指出：一个人的自我是受他人影响的，是由社会决定的。在他看来，自我是他人反应和评价的反映。比如说，我们内心很渴望成为一名艺术家，却身不由己地走上了科研的道路，因为所处的情境不允许我们遵从内心的意愿，在这种不情愿的情境中，他人对我们提出各种要求，导致我们的自我概念和行为发生巨大的改变。

空鸟笼效应是人际关系中外在影响和经验的缩影，它有积极的一面，可以让我们借助前人的经验少走弯路，但我们还要警惕它消极的一面，就是不要完全陷入思维定势中，让外界的影响成为发展自身的枷锁，甚至成为被人操纵和利用的工具。同时，也要少用鸟笼逻辑去推断他人，成为一个墨守成规、顽固不化的人。

02 | 只有十恶不赦的人，才会做坏事吗？

——盲目服从权威，会让人丧失理智

W是一家外贸公司的业务员，最近正在跟进一个比较大的项目，整个团队都忙得焦头烂额，W已经连续两周在外地出差，没有回去看望家人。那天，她接到了家里的电话，说母亲不小心烫伤住院了。W心急如焚，就想向经理说明事情缘由，询问是不是可以请假回家一趟。

当W把母亲受伤的情况说完，刚想提出请三天假的请求，经理的神情突然变得很严肃，说："我知道你很想回去跟家人团聚，你母亲这个时候也很需要你，可我们这里现在实在太缺人手了。如果你母亲知道公司正考虑提拔你，我想她应该会理解你。况且，现在医疗很发达，你母亲已经入院，即便你不过去，问题应该也不大。事情已经发生了，就算你真的过去，也帮不上什么忙。我们这个项目需要团队协作，每个人都得倾尽全力，你在我眼里一直是这样的人。噢，不过也没关系，如果你真的放心不下，还是回去一趟，多陪陪母亲。以前我没想到你这么顾家，要是今后真做了项目主管，跟家人聚少离多的情况会更多……"

离开经理办公室，W的心里很是纠结。她在工位上坐了半天，最终拿起电话打给家里，说工作太需要人手，实在离不开，让母亲安心治疗，她稍后会给家里汇过去一万块钱。其实，W很内疚，但是经理最后说的那番话，却还是让她动摇了。她担心，如果这一次真的离开了项目组，会彻底失去晋升的机会，所以只好留下来继续工作。

经理没有明确地说不允许W回家看望母亲，言谈之时似乎还把选择权交给了W，可是W感受到的却是：如果我回家看望母亲了，那就说明我消极怠工，不重视自己的工作，还会影响到上司对自己的看法，以及事业和前途。所以，她最后选择自愿留下来。

这样的情形，你有没有遇到过？看起来好像是自己做出的选择，可静下心来时，才发现那根本是迫不得已。为什么会出现这样的状况呢？到底是什么力量，促使着我们违背自己的意愿去采取某种行动呢？

请注意，这就是一个博弈的结果。通过对语言、行为，甚至是感官的设置，创造出具体或理念的情境，如“回家看母亲=放弃晋升”“留下来=重视工作”，使得W接下来的行为倾向凸显出积极的意义，与“被提升”联系起来。W之所以留下，是因为她的内心需求被经理描述出的“重视工作”“积极进取”压抑住了，经理也就顺理成章地控制了她的行为。

现实中类似的情形有很多，广告、销售、宣传中都运用了这一心理策略，就是为受众创建一个积极的情境，让人们在不自觉中认同他们的观点，并自觉自愿地参与到其中。可是，无论操纵者描绘出的情境有多积极，有一个事实是无法改变的，那就是我们依然在被动地接受他人的价值观念，生活在奴役中却不自知，甚至还因为被奴役而感到快乐。

1961年，耶鲁大学心理学助理教授斯坦利·米尔格兰姆做了一个“服从权威”的实验，证实人类有一种服从权威命令的天性，在某些情境下，会背叛自己一直以来遵守的道德规范，听从权威人士的意见去伤害无辜的人。

米尔格兰姆告诉被试者，他的实验是为了研究惩罚对单词联想记忆的影响，而这种惩罚，便是对作为“学生”的人施加电击。他制作了一个极其逼真的电击装置，一共30个按钮，每个按钮都对应着不同程度的电压，最低15伏，最高450伏。

米尔格兰姆通过观察被试对学生最终施加的电击水平，来判定个体的服从权威程度。当然，有一点大家绝对放心，这个电击装置其实形同虚设，任何一个等级的按钮都不会放出丝毫电流，唯一被蒙在鼓里的，只有被试者一人。

起初任务很简单，但随着单词记忆数量的提升，“学生”的出错率也开始增加，被试者对他施加的电击强度也越来越强。到150伏时，“学生”会发出惨叫，如果被试者动摇，站在他旁边的权威就会命令他说：“请继续。”到300伏以上，“学生”开始猛烈撞击，被试者依然会犹豫地望向研究者，研究者则更严肃地说：“必须继续进行实验。”

你猜猜，在这种情况下，40名被试者经历了内心的挣扎后，会做出怎样的选择？

结果对于所有人来说，都是颇具冲击力的，包括斯坦利·米尔格兰姆本人：所有人的选择都在255伏以上，这是猛烈电击的强度，而有26个人选择了把电压等级调到最高！这些被试者中没有一个人是虐待狂，也不存在任何人格缺陷，无不良嗜好。可是，在这个实验中，他们却都选择了服从权威，没有例外。

是不是嗅到了一丝恐怖的味道？服从权威，大概是每个人心中的天性之一，只要情景适宜，它就会被“激发”出来——天使和魔鬼有时只有一步之遥。生活中有很多事情，完全是在道德意识和坏的权威之间做抉择，这是对人性最大的考验。

于普通人而言，遇到实验中的情况毕竟是少数的，但做出“迫不得已”的选择并不少见。下一次，当你作出了一个违背意愿的决定，或是产生了某种让自己费解的想法时，不要轻易地就服从那股“无形的力量”，暂时跳出来，冲着自己的心问一句：“我真的是自愿的吗？”

在理智的情境下，你听到的那个心声，才是你真实的意愿。

03 | 为什么房价疯涨时，买的人特别多？

——贪无止境，别做最后接盘的傻瓜

1630年，荷兰人培育出了一些新奇的郁金香，颜色和花型都很特别。物以稀为贵，当时不少王公贵族都以拥有郁金香作为身份和权力的象征。为此，有些嗅觉敏锐的商人开始囤积郁金香，紧接着，一场疯狂的郁金香热就被掀起了。

在1633年，某个品种的郁金香已经飙升到1000荷兰盾，到1636年则涨到5500荷兰盾，这个数字在当时已经足够买下一栋豪宅，或是25吨奶酪！1637年1月，一个普通的郁金香球茎的价格还是64荷兰盾，但仅仅过了一个月，就涨到了168荷兰盾，已经超过了荷兰人的平均年收入——150荷兰盾。一些买家为了保证自己的郁金香是独一无二的，甚至愿意付出一切代价买下别人手中的顶级郁金香，然后毁掉。

所有人都忘了郁金香及其种球本来的价值，只知道如果自己不买，那就是别人眼里的傻子。这个国家的所有行业都被忽视了，人人都跑去投资郁金香，不惜用土地、房屋等不动产去换取这种植物，而妇女们也舍弃了穿衣打扮的钱，卖掉心爱的家具去换取郁金香种球。他们深信郁金香种球会带给他们想要的财富，人们的欲望已经膨胀到了无以复加的地步。

直到1653年11月的一天，一个毫不知情的水手来到郁金香交易市场，随手捡起一颗郁金香种子吃了下去，所有人都看傻了。水手奇怪地看着他们，他只觉得这颗“洋葱”的味道有点特别而已。

所有人仿佛都从梦中惊醒了，他们意识到，过去的这些年里，大家仿佛被一种无形的力量控制住了，竟然不断地哄抬一株植物的价格。随后，郁金香开始被大量抛售，价格暴跌不止，许多人都在一夜之间倾家荡产。

“郁金香事件”可谓是人类历史上有记载的最早的投机活动，人们对财富的狂热追求、羊群效应、理性的完全丧失，让郁金香的泡沫越吹越大，最终导

致千百万人一贫如洗。大家都知道，郁金香球茎的价格早已超过了它的实际价值，可为什么人们还会热烈追寻呢？

在资本市场中，人们大都有买涨的心理，完全不顾某个商品的真实价值而愿意花高价购买，他们预期未来会有一个更大的笨蛋将花更高的价格，从他们那里把这个商品买走，这就是博傻理论。这个理论告诉我们：在这个世界上，傻不可怕，怕的是做最后一个傻子。

博傻行为不都是一样的，因为“傻瓜”也分为两种。

第一种：感性博傻。这类人在购买某件商品时，不知道自己已经被卷入了一场博傻游戏，更不知道随时都可能崩盘。比如，股市高涨时，机构在背后人为抬高股价，等一群不明真相的傻瓜砸进去大量资金后，机构看股价涨得差不多了，就在股价高点抛售逃离，结果很多人跟风抛售，股价一泻千里，被套牢的就是那些在最后高点接盘的傻瓜。

第二种：理性博傻。这类人清楚知道博傻游戏的规则，相信在热潮的情况下，还会有更傻的投资者接盘，因此才会投入少量资金赌一把。他们一般玩得不大，就算赔了，也不至于倾家荡产。

理性博傻能盈利的前提是，有更多的傻瓜来接棒，这个判断是千万不能失误的。当大家感觉目前的价位已经偏高，需要撤离观望的时候，真正的高点也就来了。接下来，你是选择撤离，还是在高点上继续等待傻瓜出现？

“不要做最傻的那个人”，说起来很简单，可做起来太难了。然而，明知道难，依然有很多人义无反顾地投身进来，这又是为什么呢？就像荷兰人说的，似乎有一种无形的力量在驱使着他们，这种力量是什么呢？

一个字：贪！当一个人的主观意识认为一旦错失某个机会就会造成遗憾时，即便是非常优柔寡断的人，也会果断地做出决断，这就是人类的共性，在心理学领域被称为倾向性效应。

在博弈中，人们为了得到最大化的利益，总是期待最后一个傻子的出现，结果越贪婪越失去理性，一不小心成了最后接盘的傻瓜。所以，当贪念涌起时，一定记得提醒自己：这是一个无止境的黑洞，会把人带入破产的深渊！

04 | 北大自杀女孩，为何称自己是“垃圾”？

——当潜意识被操控，很容易受制于人

加利福尼亚大学精神病理学教授杰根·路易士博士曾经说过：“人类除了语言，还能使用七十万种以上的信号来交流意识。”这些语言之外的“信号”，指的就是暗示。

什么是暗示呢？从字面意思上看，“暗”即对方无从觉察，“示”即一定意图的指示，结合起来就是让对方自然地、无从觉察而又能毫无抵触地接受一种人为有意图的指示，它不是直接命令对方怎么做、做什么，而是让对方自然地接受我方的想法，只要在无意种接收到这个信息，他就会产生相应的观点。

举一些生活中的例子：你跟朋友一起喝茶聊天，刚开始品茶时没觉得对方所沏的茶有什么特别，可当听对方说这种茶如何的好，如何来之不易后，同样再品这壶茶，就会觉得格外的清香；走进一家装潢考究的店铺，虽然没有人看到商品的价格，却自然而然地觉得里面卖的东西价格不菲，档次也很高；更有意思的是，如果哪天有朋友皱着眉头跟你说：“你脸色不太好，是不是平时疏忽了保养？”你很有可能回去就买上一堆的护肤品……这样的情况，都是心理学中的暗示现象。

暗示能够影响人们原有的行为方式或心理状态，让人们相信实际上并不存在的东西。任何人都无法抵抗暗示的力量，至少在某些情况下，一个人对于自己的行动在短期内会失去意识上的控制力量。在整个行为过程中，他会以为一切都源于自己的主动性，即便感觉有为难之处，也不会介意，因为那是自己做出的选择。这是暗示最可怕的地方。

为什么暗示会有如此强大的威力呢？在心理机制上，它是一种被主观意愿肯定的假设，这种假设未必有依据，但因为主观上已经肯定了它的存在，心理上就竭力地趋向于这项内容。这种“假设”建立在“自我”的基础上，换句话说，就是你认为会怎么样，是“自我”对待外界人和事的判断和决定。

有个刚毕业的大学生，被一家知名公司录取。正式入职后不久，他就接到了一项颇有难度的任务，就连工作了几年的老员工都没把握能做好，对他来说更是严峻的考验。接收这项任务时，他心里就没底，很怕自己做不好。为了能完成任务，他还是尽全力去做，其中最主要的策略就是向老员工请教。

可是，当他向老员工请教时，有的人只是呵呵一笑，没有多说；有的直接说很难办，没有给他任何建议；还有人给他灌鸡汤，说多想想肯定能做好……如此一来，这位新人越发觉得自己难以把事情做好，虽然硬着头皮做了，可结果却并不理想。

他真的不能把事情做好吗？实际上，他的这种“做不好”是一种暗示的结果，在尚未努力之前，就已经假设了一个结果，此后的一切活动都是围绕着这个假设的结果进行的。虽然他也向别人请教了，可因为那个“假设”的存在，他在心理上自觉或不自觉地去选择跟这种“假设”相符的内容。

我们之所以会受到暗示的影响，关键在于“自我”的不完善。人都是不完美的，却又有追求完美的本性，因而在做决定的时候，会变得犹豫，渴望从外界获得更好的意见。当我们缺乏自信，不知如何抉择时，就很容易被他人的言语所左右，按照他人的言语去做，从而被暗示。在有些情况下，这样的暗示是很危险的。

国外有一位年轻的妇女厌倦了自己年迈的伴侣，特别是在丈夫经济出现危机后，就开始处心积虑地筹划自己的将来。她总是有意无意地提醒丈夫自己和他之间的年龄差，流露出对孩子的渴望。每当此时，丈夫就对她充满了愧疚感。在一份妻子“无意”间放在桌上的保险广告的影响下，他为妻子购买了大额的人寿保险。

终于有一天，夫妻两人在田野里散步时，妻子说起两人在前一天都听过的一则关于自杀的故事，她还故作天真地说：“怎么可能有人能那样把自己打死呢？你做给我看看，是不是有可能？”接着，丈夫真的把猎枪伸进了自己的嘴里……结果，你也猜到了。

这位妻子深谙暗示之道，她一直为夫妻间的年龄差耿耿于怀，而丈夫的自我防御机制把这种愧疚和担忧埋在了心里。对于两个人的未来，他的心理意象也很模糊，而妻子借助暗示逐渐让丈夫的愧疚感变得明朗化。接着，她不断地重复说同样的话，且制造了一个视觉形象，那就是终日以泪洗面。虽然她没有直接说什么，可丈夫还是感受到了强烈的暗示：“如果不为妻子做点什么，她今后的生活没有保障。”这时，他已经彻底相信自己总有一天会完蛋。

为什么这位先生能够被妻子的暗示控制呢？原因还是我们前面说过的，他的“自我”不完美，内心深处隐藏着强烈的自卑。糟糕的是，妻子看透了他这个人，利用了他的这一心理。如果他能够自信一点，客观地看待这件事，或许就能发现妻子在他经济开始走下坡路后表现出的一切行为都是十分可疑的。

这个特殊的案例提醒我们，一旦潜意识被人操纵，我们就会受制于人而不自知。

网络上曝光的北大女生自杀案，那个女孩就是在被男友不断否定、贬低、打压等一系列精神折磨后，彻底丧失自我，最终走向自杀。她在自杀前，还给男友发了一条微信：“遇到了熠熠闪光的你，而我却是一块垃圾。”

暗示的核心是潜意识，而潜意识通常是在潜移默化中形成的，还带有重复性。女孩的男友就是在平日里借助语言和行为，一次次对她进行精神虐待，把事实刻意扭曲、选择性地删减，让女孩最后怀疑自我价值，丧失对自己判断的信任，最后被迫地相信操控者，从而让男友实现了对自己情感与行为的操纵。这样的做法，真是让人不寒而栗！

所以，当有人经常有意无意地提到同一个问题时，我们一定要提高警惕。同时，暗示作为一种心理战术，不是意志坚定就能摆脱的。相反，意志坚定的人反而更容易被催眠。如果你发现某种暗示带有持续性和说服力的时候，一定要多问问"为什么"，让提问者说出他的真正意图。最后一点要说的是，想不被暗示牵着鼻子走，一定要不断强化个体内心世界的自我。

05 | 喝一罐饮料能消耗32卡，你想不想尝试？

——不完整的信息，容易带给人误导

英国的《泰晤士报》曾经报道了这样一则消息：世界著名的可口可乐和雀巢公司称它们共同研制出了一款能帮人燃烧卡路里的饮料——Envige。消息一经传出，立刻就遭到了营养专家的否定，他们声称这个消息是在误导消费者。

两家公司的研究人员称，这个饮料是复合型饮料，它们中的一些成分是从绿茶和咖啡因中提取的，能够有效地调节人体的新陈代谢，有助于身体燃烧热量。然而，营养专家对这方面却一直持怀疑态度，他们认为饮用这些饮料可能会让人兴奋，对于心脏病患者来说十分危险。

临床试验表明，饮用3罐这样的碳酸饮料，平均可燃烧106卡路里的热量。可是，3罐这样的饮料中含有咖啡因，相当于3杯黑咖啡，这显然对人体健康不利。国际营养学家安德鲁·普伦迪斯表示：生产商正在向消费者传递一个错误的信息，就是依靠这些饮料能达到减肥的效果，这是一种误导。

虽然各路专家们纷纷反对，可厂家还是大批量地生产了这些饮料，且用了多种口味来吸引消费者。多数消费者也很买账，他们认为不用运动、节食，畅快地喝饮料还能燃烧卡路里，是一件很美妙的事情，他们完全不在乎饮料里有多少咖啡因，更不在意专家的提醒。

坦白说，在夏季减肥的热潮中，你有强烈的减肥欲望，面对这样一款饮料，你愿不愿意尝试一下？相信很多人都会说“是”。为什么绝大多数人都会做出这样的选择呢？

其实，这里面牵扯到了信息博弈的问题：看谁说的信息更吸引人！就拿那款减肥饮料来说，虽然营养学家也提出了相应的观点，可似乎对消费者没产生什么影响，消费者更关心的是这款饮料带给自己的奇迹，哪怕要摄入很多咖啡

因，也愿意尝试。

就商家而言，他们向消费者传递出的信息，其实是不完整的。换句话说，就是商家只让消费者看到商品美好的一面，至于缺点和瑕疵，只有在使用过程中才能慢慢了解，精明的商家是绝对不会主动传递出来的。这样一来，消费者就只接收到了不完整的那部分信息，至于信息是对是错，消费者完全忽略了。

记得有一句广告词叫“欧典地板，真的很德国”。哇，听起来是不是觉得挺有品质的，认为它是德国生产制造的？其实，这只是一种错觉。商家抓住了人们对品牌和品质的追求，向消费者传递出了一条错误的信息，而消费者又不太了解厂家的情况，就依据广告来做抉择。

这说明什么呢？信息虽然有多种传递方式，可对于传递信息或接收信息的人来说，只有一种理解方式。传递信息的人想要达到传递信息的目的，而接收信息的人，往往会顺着传递信息的人的目的，去认识和了解一些事物。

回想一下过去的经历，找出那些“为什么感觉被骗了”的购物事件，现在是不是有点儿明白了？要知道，在信息传递的博弈中，商家永远是跟市场、竞争对手和客户下一盘棋。他们传递出的信息，让几个对手在短时间内都无法看清，从而为自己商品的信息留下了悬念。由于这些不完整的信息，勾起了人们的好奇心，在信息没有完全披露的时候，这场博弈的胜券早就被他们牢固地握在手里啦！

所以，不要总埋怨自己太单纯、容易冲动，被“洗脑”的不总是你一个人，在面对不完整的信息时，多数人都会跟着商家的思路走。这样想来，是不是略感安慰？

06 | 我对你那么好，你要怎么报答我？

——学会对别有用心的殷勤者说“不”

提起这个世界上最难还的是什么债？想必多数人都会说：人情债！

Z的父亲生病住院急需用钱，朋友Y听说后，还没等Z开口，立刻就给他转过去5000块钱。这让Z大为感动，毕竟锦上添花的人多，雪中送炭的太少。待父亲病好后，Z决定辞掉在外地的工作，回到父母所在的城市工作。Y是他的老乡，在这个城市有一定的人际关系，得知Z要找工作的事，热心地帮他介绍关系，甚至还帮他整理简历。

看到Y如此殷切地帮自己，Z的心里大为感动。为了表示感谢，Z特意请Y吃饭，联络感情的同时，也聊表谢意。席间，当Z举杯向Y表示感谢时，Y却说：“这有什么呀？大家都是朋友，你要是这么客气，那就没把我当朋友。”随即，Y又叹了口气，说：“其实，我也不是什么太有能耐的人，赚着死工资养家糊口，可咱们认识这么多年，关系也不错，我不能袖手旁观……”此话一出，Z顿时不知道该怎么接了，心里却感到格外沉重。

不久之后，Y主动找到Z，说有事相求。Z从事的是法律工作，Y想让Z给自己的亲戚做诉讼代理，却迟迟不肯提费用的事。看他的架势，好像是打算让Z免费帮忙。Z感到很为难，毕竟诉讼代理一件案子也不轻松，他也要拖家带口地生存。Y大概看出了Z的心思，突然就把话题扯到Z父亲住院的事，还有他帮Z介绍关系找工作的事。一时间，Z纠结极了，觉得自己没有办法回绝Y了，若真开口说了心里的话，简直就成了“忘恩负义”“自私自利”的人。就这样，Z妥协了。

有没有觉得，Y可能早就有让Z帮忙做诉讼代理的打算，之前所做的一切全都是有目的性的？他没有给Z回绝的机会，却也暗示Z说自己做这些事情并不容易。Z欠了Y两个人情，到了Y提出要求的那一刻，纵然不太合乎情理，Z却还是为了那两份人情债，违背了内心的意愿，完完全全受制于Y。

为什么Z会觉得难以拒绝Y的请求呢？

从心理学的角度来看这场博弈的话，“互利性原则”起到了很大的作用。人类学家奥莱尔·蒂格尔和罗宾·福克斯认为，互利性原则是人类的一种适应机制，即通过创造一种有效率的社会关系，形成商品互换的模式。

大家都觉得“人情债”不能欠，原因就是社会舆论对于获得利益却不回馈他人的行为是持谴责态度的，这样就形成了一种约束力。没有人希望在别人眼里，自己成为一个黑心的牟利者，所以都不自觉地遵照这个原则来行事。当Z遇到了Y，这种“无法拒绝”的心理就被利用了，互利性原则就变成了一场不对等的心理博弈。

如果你也跟Z一样，是互利性原则的遵从者，那么现在，你必须要擦亮眼睛，狠下心肠，对别有用心的殷勤者说“不”！如果有人总是在你面前述说他为你做过多少事，那么下一次他再表示殷勤的时候，你不妨直言：“谢谢，这件事情我自己能解决。”

也许，对方最初会表现得很受伤，可试过几次之后，他就会明白，你根本不吃这一套。然后，他就不再试图用这样的方式控制你了。有机会的话，你可以试试看！

07 | 帮助可怜人是好事，可我为什么不快乐？

——明确帮人的界限，识别“假可怜”的戏码

在一次聚会上，Ella认识了姑娘H。姑娘H看起来很安静，她坐在一个角落中望着热闹的会场，眼神里流露出一种独特的光芒。Ella是一个摄影师，看到这一幕时就想：要是这个姑娘能给我做模特，该有多好啊！

Ella主动给姑娘H递了一张名片，两人互相做了自我介绍，就闲聊起来。没想到，姑娘H和Ella果然气场相投，她们都很喜欢艺术，相聊甚欢。分别的时候，两个人就像熟识已久的好友。

后来，Ella又跟姑娘H见过几次面，还邀请她到自己的摄影工作室。可能是彼此之间比较熟了，姑娘H主动给Ella讲起自己的经历。她很小的时候，母亲就去世了，一直跟随父亲生活。父亲有酗酒的习惯，还喜欢骂人，她内心有强烈的不安全感。成长的阴影伴随着她，让她在感情的路上栽了不少跟头。

听过姑娘H的遭遇，Ella对她多了一份心疼，忍不住想要照顾她。当姑娘H听说Ella在摄影大赛上获了奖，要扩大工作室的规模时，她流露出羡慕的神情，说：“我真为你高兴，你是我认识的女性朋友中最优秀的一个。你扩大工

作室的规模后，一定也需要人帮忙，我很想给你做助理。”

起初，Ella婉言谢绝了姑娘H的好意，但姑娘H立刻就蹙起眉头，眼眶里还噙着泪水，说：“是不是我不够好？这么多年，我觉得身边的人都不喜欢我、不接受我。认识你以后，我才知道生活原来可以这么精彩。我很享受跟你一起聊天的感觉，也想和你一起工作，你不会也跟其他人一样，认为我不配吧？”

听到姑娘H的这番话，Ella感到很为难。这时，姑娘H又说：“知道吗？我特别羡慕你，家庭条件好，事业也很成功，还遇到了一个疼你的丈夫，我只是想沾一点你的好运而已。”Ella当时没有给她正面的回复，只是说再考虑一下。

没想到的是，当天晚上，Ella在微信朋友圈看到了姑娘H发的心情：“过去二十几年的生活，就像是一个无底的、黑暗的深渊。现在，我终于看到了一丝光亮，能让我重新开始。当我伸手去触碰它的时候，它却变得很微弱。我好怕，怕它会彻底消失，让我回到无尽的痛苦之中。”这样充满委屈的心声，不断地在姑娘H的朋友圈里出现，扰乱了Ella的心。

渐渐地，Ella开始觉得，如果自己继续无视姑娘H的请求，简直就成了罪人。就这样，姑娘H一边向Ella传递自己的羡慕之情，一边又强调自己不幸的人生经历。最终，Ella同意了，让姑娘H做自己的助手。只是，这个决定她做得一点也不开心，因为姑娘H的能力水平根本不符合她的预期标准。

Ella是一个善良热心的人，听过姑娘H痛苦的生活经历后，她给予了对方共情、关心和支持。然而，她没有预料到，最后自己竟然被姑娘H的“可怜”

控制了。

曾有人问过一位资深的心理咨询师：“要如何分辨什么样的人能够信任？”心理咨询师的回答令人震惊。在普通人看来，不值得信赖的人肯定是作恶多端的，有肢体语言上的威胁恫吓。可是，这位心理咨询师却说：“这些特征都不可靠，真正可靠的是‘装可怜’的戏码，他们不会令人感到恐惧，却会博得他人的共情。”

毫无疑问，Ella就输在了“共情”上。在产生共情的那一刻，她自己没有任何防备，姑娘H抓住了她的这一弱点，不断地重申自己多么不幸。她有过不幸的遭遇，这是不争的事实，但作为一个成年人，她从来都是把错误和责任归咎于外界，而没有反思自身的问题。

我们不该成为冷漠的人，应当保留一份恻隐之心，但在付出好意之前，必须分清对方是“真可怜”还是“假可怜”。所谓的“真可怜”是倾尽所有努力

境况依然不佳，求助者和施助者双方在心理上是平等的；然而有些人却是有意无意地放低姿态、渲染痛苦，以此来获得某种好处。

“假可怜”的人有强烈的依赖心理，总是被动地等待别人的扶助，自力更生的意愿很薄弱；同时他们也有自私自利的特质，用“可怜相”来抱怨别人不在乎自己，让施助者感受到“道德感”的失落，产生强烈的自我责备和自我贬低，说拒绝的话就好像亏欠对方一样。

要让可怜之人不可怕，双方都必须作出调整。就Ella来说，先要明确自己帮人的界限，学会拒绝，即便姑娘H诉苦，也不能牺牲工作室里重要的职位给对方，这会直接影响到工作室的发展，甚至牵连到其他员工的利益。此外，也要适当地说明自己的难处，让姑娘H彻底明白，世上没有救世主，人只能自我救赎，靠自身的力量去改变生活。

08 | 我用尽所有去爱他，他怎么还是想要逃？

——只付出不接受，会让对方问心有愧

R先生和女孩C是大学同学，同窗四年他一直暗恋着对方，因为C当时有男朋友。在R先生眼里，C是一个温柔娴静的女孩，说话慢条斯理，从来都不会咋咋呼呼的，给人的感觉很舒服。这样的女孩，就是他认为可以作为一生伴侣的最佳人选。

大学毕业那年，C和男友由于工作去向的问题产生了分歧，结果分道扬镳。R先生开始对C展开热烈的追求。也许是真心可鉴吧，C最终答应了做R先生的女朋友。两个人的恋情在周围的同学中被传为美谈，大家都觉得，他们真是天造地设的一对。

按理说，R先生应该很快就会跟C结婚，可在提到这件事时，他却表现得很犹豫。朋友问R："你们感情也稳定了，结婚了不好吗？"R叹了口气，满脸无奈地说："说实话，我想和她分开了，但不知道怎么说……"

"分手？怎么回事？"朋友惊讶地问。

R先生恋爱后，第一次分享自己内心的真实感受。由于他的工作很忙，碰见着急的项目时，几乎就没有休息日，每天除了吃饭睡觉就剩下工作了。可即便如此，他还要每天挤出时间给C发消息汇报情况，有时真的是抱着手机就睡着了，又被C的电话叫醒。

朋友问："是不是相处久了，没有最初的新鲜感了？"R先生摇摇头，说："我喜欢稳定的感情，对她的爱也没有减少，可我不太喜欢我们之间的状态。你知道吗？我除了工作以外，几乎就没有跟朋友出去吃过饭。每次我说要出去，她就会表现得很伤心，问我是不是厌倦她了？是不是不想跟她在一起了？说她一直以为自己对我来说很重要，原来都是自作多情。"

说到这里的时候，R先生狠灌了一口酒，而后又说："我没有想到，大学里那个温柔懂事的姑娘，谈起恋爱是这么的黏人。有时候，一个女人需要你，不愿意让你离开她的视线，这感觉挺好的。可后来我发现，我跟她在一起总有种内疚感。她把我的生活起居安排得很好，做我喜欢吃的饭菜，家里的电器、家具都是我最喜欢的。有一次，明明是给她买生日礼物，回来的时候却拎着大包小包的男装。我出差的时候，她不停地发消息给我，从早到晚，任何事情都跟我汇报，也要求我向她汇报……这份爱密不透风，让我喘不过气来，但要跟她提分手，我又觉得对她有愧疚。"

听到这儿，你也许能明白R先生的痛苦。他不是厌倦了对方，而是对方的爱太沉重了，就像枷锁一样捆住了他，让他完全丧失了自己独立的空间。这样的情感关系是病态的，彼此折磨，却又难以摆脱。

这一生能得到他人的爱是幸运的，但幸运不代表幸福，因为幸福的前提是，两个人都懂得什么才是真正的爱、成熟的爱。女孩C恰恰不懂这些，她竭

尽全力地证明自己懂得爱、值得爱，结果却逼得对方想要逃离。

心理学家认为，一段和谐的关系，必然是有付出和接受。然而，当付出和接受之间的循环被破坏，情感输入和输出的比例失调，关系就会朝着坏的方向发展。这种破坏往往不是因为“不愿意付出和给予”，而是某一方“不愿意接受”。

德国家庭治疗大师海灵格说过：“我们付出的时候，就会觉得有权利；我们接受的时候，就会感到有义务。”对此，武志红老师也有同样的看法：“只付出不接受的人，会有一种清白感，会觉得自己在这个关系中绝对问心无愧。这是一种很舒服的感觉，有这种感觉的人，会觉得自己在关系中永远正确。那么，相应地，关系的另一方就会觉得很不舒服，会频频感到内疚，会经常觉得问心有愧，即便他不明白付出者为什么那么喜欢付出，但他最终一定会产生逃离的冲动！”

人际交往或是经营感情，需要付出真诚，但不代表一分耕耘，就能有一份收获。当一个人付出他的所有，把全部时间和精力都投注在一段关系中时，最好提醒一下对方：每个人都应当有独立的空间，做独立的自己，亲密有间才能长远。如果你全盘接受了，那么你们这段关系就已经失衡。当有一天你感觉彼此不合适，想要开始新的生活时，虽然你有结束这段关系的权利，可内心那份愧疚感会控制着你，让你难以启齿说再见。

09 | 接受一个小请求后，我好像没法拒绝了？

——保持自己的立场，不做违心的应允

《伊索寓言》里讲过这样一个故事：

一个风雨交加的夜里，有个乞丐到一户人家乞讨。厨娘见到他，态度很不好，让他赶紧离开。乞丐说："我太冷了，我只是想借用你们的火炉烤干衣服。"厨娘一想，又不用给他东西，就同意了他的请求。

乞丐把衣服烘干后，又对厨娘说："我能用一下您的锅吗？我只想煮一点石头汤。"厨娘皱起眉头，说："石头汤？我倒想看看你怎么做。"于是，厨娘就把锅递给了乞丐。

乞丐把在路上捡到的石头洗干净，放在锅里像模像样地煮了起来。"可是，我觉得还需要一点点盐。"乞丐很自然地说道。厨娘答应了他的要求。紧接着，在乞丐一次次"自然"地要求下，厨娘又给他拿了豌豆、薄荷和香菜，接着还把碎肉末放到了汤里。

最后，聪明的乞丐把石头从锅里捞出来，美美地喝了一碗肉汤！

尽管这是一则虚构的寓言，可结合生活仔细想想：你是不是也有意无意地做过和厨娘一样的事？原本只是接受了对方的一个小请求，可到最后却做了很多超出意料的事。如果最初他跟你提这样的要求，你未必会答应，甚至会当面拒绝。但为什么在接受了那个小请求之后，一切都好像由不得自己了呢？

1966年，美国社会心理学家弗里德曼和弗雷瑟做了一个实验：他们派人随机访问一组家庭主妇，要求把一个小招牌挂在她们家的窗户上。这些家庭主妇没有异议，愉快地同意了。过了一段时间，他们再次访问这组家庭主妇，要求把一个大而且不太美观的招牌放在她们的庭院里，依然有半数的家庭主妇同

意了。与此同时，实验人员又随机访问了另一组家庭主妇，直接提出把不仅大而且不太美观的招牌放在她们的庭院里，结果有80%的家庭主妇都不同意。

有没有发现，这实际上也是一场心理博弈。通常，人们都不愿意接受较高较难的要求，毕竟它费时费力不容易成功；但对于那些较小的、较容易的要求，却很乐于接受。在实现了较小的要求后，人们会比较容易地接受较大的要求，心理学上将其称之为“登门槛效应”。

人的每个一致行动都有其最初目标，在许多场合下，由于人的动机过于复杂，就会面临对各种不同目标的比较、权衡和选择。在相同的情况下，那些简单容易的目标比较容易被人接受。另外，人都愿意把自己调整成前后一贯、首尾一致的形象，哪怕别人的要求有些过分，为了维护印象的一贯性，也会违背意愿继续下去。

F女士退休后，每天都在小区散步。那天，有个笑容甜美的姑娘跟她搭讪，无来由地夸奖了她一番，说她皮肤保养得好，气质也很棒，跟F女士聊了很多话题，美容、养生、教育、旅游等。很快，F女士就放松了警惕，觉得这姑娘挺好的。

说到兴头上的时候，姑娘热情地对F女士说：“阿姨，哪天您可以到我家去，我给您做个美容试试。或者，您也可以试试我现在用的产品……”话说到这分上，F女士也不好意思说“不买”“不用”，似乎找任何理由推辞都有些牵强。

就这样，F女士从姑娘那里买回了一样东西。隔段时间，那个姑娘又来“看望”F女士，问及她家里是否还需要添置什么？说自己这里有很多厨卫用品，F女士很愉快地又订购了几件产品。她可能不知道，那个姑娘其实是某公司业绩最好的直销员。

讲这些事例的目的是想提醒大家，很多时候被他人操控都是我们助推而成的。我们为了得到他人的好感，答应了对方的小请求，结果就难以拒绝后面更大、更不客气、更有实质性的要求了。到最后，你可能就是为了讨好对方而牺牲自己的意愿。

这里要说的重点，不是你为对方做了什么，而是你出于什么样的心态去做？是心甘情愿的，还是怕他的要求得不到满足而失望？如果是后面的心态，那你已经被他的情绪控制了。对此状况，你也应当负起一部分的责任，因为你试图通过他人对自己的评价来实现自我价值。

有没有什么退路可走？当然有！那就是不要为了照顾他人的心情而改变自己的计划。哪怕对方用一些话刺激你、暗示你，你也要保持自己的立场。不纵容对方，不接受小请求，才能有效阻止“得寸进尺”的发生。

10 | 一旦做不好某些事情，你就会痛苦不已吗？

——即便遭贬低，也不代表你真的不好

临近年会那段时间，行政助理Nancy忙得焦头烂额。她在工作方面一直有点儿完美主义情结，不允许自己出任何差错，因为上司Rebecca是一个极其挑剔的“女魔头”，这在无形中给了Nancy巨大的压力。

年会开始了，所有人都很激动，Nancy却紧张得不行，生怕什么地方会有差池。突然，有同事叫Nancy，说好像投影设备出了点问题。Nancy连忙去查看，又叫来酒店的工作人员。要说问题也不全在于Nancy，这台设备本身就时好时坏，试用两次都没事，关键时刻却掉了链子。Nancy正准备替换备用投影的时候，Rebecca的面孔突然出现在她面前。Rebecca声色俱厉地对周围的同事说：“你们看，Nancy总是这样马马虎虎的，我要不提醒她，她永远也做不好这些事！”听到这样的话，Nancy更慌了，在安装设备的时候，突然被绊倒在地上，在人前闹了一场笑话。

备用的仪器安装好了，没有影响年会的顺利进行，Nancy是挂着眼泪完成这一切的。等周围的同事就座后，Rebecca突然放松了表情，用十分关心的口吻对Nancy说：“别担心，你毕竟还年轻，没负责过这种大型的年会，慢慢来吧，我会带你的。”说完，她就昂着头径直而去，留下Nancy在那里品尝着内心的五味杂陈。

这样的情景，你是不是觉得似曾相识？我们身边大都有像Rebecca一样的挑剔者，或者是上司、同事，或者是亲人、朋友，他们总是抓住别人的小差错不放，用这些问题困扰对方，让人精神紧张，最后犯了真正严重的错误。就拿Nancy来说，她其实早已经准备好了备用的仪器，以防万一出现临时坏损的情况。可就因为Rebecca的一番话，让她手忙脚乱，结果在人前栽了一个难堪的跟头。她完全没有意识到，自己的紧张和混乱感觉都是因为Rebecca挑剔的态度刺激出来的。

你可能会问：Rebecca到底是一种什么心理呢？看看她对周围的同事说了什么，就不难理解了。她告诉大家，Nancy就是一个小助理，做事马虎不谨慎，总需要她提醒才能完成重要的事。很明显，她追求的是一种优越感。

为什么Nancy不去解释呢？要知道，这怨不得Nancy，因为利用贬低对方的方式提升自我优越感的，不仅仅存在于职场中，家也是一个会“伤人”的地方。Nancy从小就生活在一个家教严厉的环境中，长期承受着母亲的挑剔指责。

高考那年，她的分数超出重点大学分数线20分，母亲没有给予她任何肯定，而是轻描淡写地说了一句：“没什么值得骄傲的，看看你表姐，人家上的可是清华……”为了不让母亲失望，Nancy只能更努力，最终考上了本校的研究生。虽然她尽了全力，可距离母亲的要求还差了一截。那几年她很少回家，为的就是躲避母亲刺耳的话语。

虽然离开了家独自生活，但Nancy内心依然有一种恐惧和无力感，她总是觉得："我必须要做到最好，让所有事情无可挑剔，我才能被肯定，被认可。"可现实是残酷的，不可能事事如人所愿，总会有意外无法掌控。

作为局外人，我们可能会看得更明白：当母亲挑剔的话语在Nancy耳边响起时，她的自我意识就开始动摇。一旦她做不好某些事情时，自信心会在瞬间坍塌，让自己痛苦不已。如果你也和Nancy一样，那么你现在需要清醒地认识一个事实：被贬低、被挑剔、被指责，并不代表你真的不好！至于那些挑剔你、贬低你的人，他们其实更害怕被遗弃。

就Rebecca来说，她担心Nancy的能力超越自己，这会对她的职位造成威

胁；对Nancy的母亲来说，她担心Nancy变得太独立，将来会离开自己。潜意识里的这种想法，促使着他们选择用贬低的方式来挟制对方。

有没有什么办法避免这种情况的发生呢？以Nancy为例，面对强势又习惯指责的母亲，她可以事先与对方谈好条件。比如，一起出去玩时，不妨告知母亲："这件事全权交给我负责，可能会有安排不周之处，您若对此喋喋不休，我们马上就结束旅行。"要让这个条件有效，就必须在对方第一次指责时就付诸实践，哪怕只是刚出发20分钟，也要这样做。

最初做这件事时，可能会有些不习惯，让贬低自己的人也感到不舒服，甚至闹脾气。只要你挺过这个阶段，不被对方的反应吓倒，对方就会在心里改变对你的态度。工作中也是一样，别让上司的刺激影响到你，按照自己的计划去处理问题，告知"我保证做好这件事"。渐渐地，他就不敢再刻意贬低你了。

因为他人的贬低而耿耿于怀，是最没有价值的事，也会让彼此的关系变得僵持。真正有意义的做法，是让自己尽快成为一个心智成熟、经验丰富的人，要依靠强大的内心消解给他人给自己带来的负面影响。在体谅和宽容的前提下，分析他们话语中积极的部分，至于那些攻击性、刺激性的话语和负面影响，无视就好了。

不必因为他人的贬低而怀疑自己，甚至背上自卑的枷锁。要知道，来自他人的评价永远只是评价，它无法代替你作为一个真实的个体存在于世上。只有你才能决定自己生命的样子，决定成为怎样的人。

11 | 不想轻易被人操纵，我该怎么做？

——做回真实的自己，把握自己的选择权

现实中的操纵者，不仅限于前面说的那几类。比如，有些人看起来很善良，实则只是装出让人信任的样子，然后按照自己的想法诱导他人的心理和活动；有些人善于展示自己的魅力，通过外在的物质提升自己的格调，让人轻信他所说的一切；还有些人习惯利用道德绑架，让人产生错误的内疚感，似乎不对某件事负责，就成了十恶不赦的坏人。

面对各种各样的操纵方式，若毫无觉察力，就只能在博弈中做输家，成为受控的棋子。所以，我们必须要学会如何摆脱操纵，做回真实的自己，把握住属于自己的“选择权”。这里有几条建议，可供需要的朋友参考。

· 建议1：坚持自己的立场和态度

每个人都有自己的原则、计划、喜好，也有独属于自己的成长经历和目标。人生没有绝对正确的模板，不要因为大多数人怎样说，就强迫自己走那条本不喜欢的路，尽管对方可能是你的长辈、老师，但别因为权威就放弃质疑。你要问问自己：别人说的理论你真的认同吗？你真的想要别人口中的人生吗？

· 建议2：直击对方不合逻辑的想法

操控我们的人，多半都是身边的亲人朋友，且多数时候都是出于好意。面对这份好意，如何婉言谢绝不伤情谊，又能保全自己的想法呢？最好的办法就是，找出对方的想法中不合逻辑的部分，强迫他表明自己的立场。这样的话，既能明确地表达自己的态度，又能避免被他人任意操纵。对这类人，我们的防御方向就是“追求合理性”。

· 建议3：试着让自己放轻松

很多操纵的行为都是源自内心深处的焦虑感，生怕有些问题无法掌控在自己手里，害怕承受不可预测的变故。所以，操纵者的内心也不好过。对此，我

们不妨让自己松一口气，在面对对方的某些行为时，提醒自己说："他是因为太焦虑才这样做。"这样的话，就能减少一些伤害，让自己平静下来。

放松之后，就要不断强化自己的内心，提升沟通能力。把对方让你感到烦躁的行为说出来，试着就这些问题进行一次理性的谈话，问问对方到底在担忧什么，如何找到一个双方都能接受的平衡点。

·建议4：大胆告知：我不在乎！

有些人总习惯用装善良、卖可怜的方式出现，让人不忍拒绝，继而提出不合理的要求。对此，不妨学会一句话："亲爱的，我不在乎。"

当然了，这些建议在真正的实践中，也并不是很容易做到的。这一部分所讲的内容，实则是想提醒大家，透过表面的现象和问题，去寻找到真正的问题，而后换一种方式去对待对方，变得理性而成熟。也许，短期内你看不到什么明显的变化，甚至还会激化某些隐藏的矛盾，但只要是真正关心和在乎彼此，一定会在意彼此的感受，到那个时候，你们之间的关系就会发生良性的变化。

12 | 两人都做了理性选择，为何还会两败俱伤？

——有利益冲突的地方，就会有囚徒困境

L和Z是同一家服装公司的设计师，两人合作共事很长时间，私交不错。工作之余，她们会一起逛街、讨论服装、议论领导，偶尔还会说两句尖酸刻薄的话，讽刺一下上司。可最近，两人遇到了点麻烦，公司业务量大减，部门正考虑裁员，裁掉业绩差的员工。

说起业绩，L和Z都有点心虚。入职以来，她们没有在部门内做出过什么大业绩，且都不太擅长交际，跟上司的关系也不太好。所以，这次裁员很有可能会轮到她们俩头上。然而，几天以后，公司内部传出消息，说每个部门只裁掉业务能力最差的那个。

L和Z更紧张了，她们俩的业务水平是部门内最差的。这就意味着，她们两人必然有一个要离开。两周后，部门经理给L下了离岗通知，虽然L心里早有准备，可还是不太舒服。当然，她也为自己的好友Z能留下感到欣慰。

两天后，就是L离职的那天，她从其他同事口中得知一个消息：自己会被裁掉，全都是Z在背后捣鬼。原来，前一周的某个下午，其他同事都离开办公室后，Z主动走到上司的办公室，把L之前讽刺上司的话全说了出来。上司的心胸本就不太宽，还没等公司下正式的通知，就把L给辞退了。这个消息对L来说，简直是晴天霹雳。她怎么也没想到，平日里那么好的朋友，竟然在关键时刻给自己“下刀子”。

对于Z的行为，很多人会嗤之以鼻，认为她自私，甚至是卑鄙。那么，到底是什么心理促使Z选择这样做呢？博弈论里有一个特别经典的故事，那就是“囚徒困境”，情况和上述的案例十分相似。

某地发生一起盗窃案，警察抓获两名嫌疑犯：一个胖子和一个瘦子。警察

心知肚明，这两个人就是案件的始作俑者，只是没有证据给两人定罪，就只好想办法让他们主动交代。

警察将两名嫌疑犯分别关押，告诉他们坦白从宽的政策：如果两人同时坦白，每人入狱3年；如果都不说，每人入狱1年；如果一个说了，一个没说，抵赖者入狱5年，坦白者可以直接回家，免受牢狱之苦。

你猜，两个人会做出怎样的选择？抑或者，若你是其中一人，你会怎么做？

现实的结果是，胖子和瘦子都坦白了，两人各被判刑3年。原因很简单，对胖子来讲，如果瘦子说了，他也说了，自己将入狱3年；如果瘦子说了，自己没说，他将入狱5年。这样一想，不坦白就不太合算。如果瘦子不说，自己说了，自己会被释放，但瘦子真的不会说吗？他自己不太敢相信。于是，情况就形成了这样一个局面：

1.如果对方沉默，背叛会让我获释，所以我会选择坦白。

2.如果对方背叛指控我，我也要指控他，才能得到最低的刑期，所以还得选择坦白。

胖子和瘦子面临的情况是一样的，依据两个人的理性思考，最终都会选择坦白！这是两种策略中的支配性策略，也是这场博弈唯一能够达到的平衡。

再说开篇的那个案例，L和Z本是好友，没有利益冲突的时候，关系很亲密；待利益冲突出现后，立刻就有人选择“背叛”。事实上，对于Z的损人利己行为，并非是个人偏好使然，而是在她的预期中，先假设L可能或绝对背叛自己，为了让自己的利益最大化，她先行一步选择背叛。

对Z而言，在面临裁员的生存危机时，面临着如下选择和结果。

第一种：不背叛，离岗；

第二种：不背叛，在岗；

第三种：背叛，在岗。

从上述选择来看，倘若Z选择背叛，她肯定不会被裁掉；如果选择不背叛，那么在岗也只是一种可能。所以，无论好友L选不选择背叛，她的最佳策略都是背叛。因为，她担心自己变成“傻瓜”，万一对方先背叛了，自己就彻底输了。为了减少自己在“囚徒困境”中损失的策略，她只好出卖好友。

在囚徒困境中，每一方都只会选择对自己最有利的策略，而并不顾及其他对手的利益和社会效益。就两名盗窃犯来说，都选择拒绝招供才是真正的最佳策略，但没有人会主动改变自己的策略以便让自己获得最大利益，因为这种改变会给自己带来不可预料的风险——万一对方没有改变策略呢？

所谓的困境，就是个体的理性导致双方得到的比可能得到的少。当个体做出有利于自己的“理性”选择时，结果却是整体的非理性。当个人理性和集体理性发生冲突时，每个人都以利己的目的为出发点，结果既不利己，也不利人。

13 | 新西兰报刊亭无人看管，却没人敢偷窃报纸?

——共同遵守游戏规则，才能实现利益最大化

生活中，每个人都可能变成囚徒，也总会遇到这样那样的困境。有没有什么办法，能让囚徒的结局变得美好一点儿？ 或者说，找一个对博弈双方都合理而有利的策略？

还记得《红楼梦》里是如何形容四大家族的吗？就八个字，“一荣俱荣，一损俱损”。这四个家族是你中有我，我中有你，结成了一个牢固的联盟。倘若两个同时处于困境中的人，也能有这样的关系，那么两者的合力就会更大，正所谓“兄弟同心，其利断金”。

如何做到“同心”呢？最简单的办法，就是共同遵守游戏规则。

新西兰的报刊亭，既没有管理员也不上锁，买报纸的人都是自觉放下钱后拿走报纸。当然，某些人可能取走了报纸却不付钱（背叛），但大家心里都清楚，如果每个人都偷窃报纸（共同背叛），会给今后的生活带来极大的不便，所以这种情况极少发生。

这就是一个共同遵守游戏规则的典范。没有谁去可以注意报刊亭，人们

守规则的目的，就是为了避免共同背叛带来的恶果。这是脱离囚徒困境的方法之一，要求每个人都保持理性的头脑，以及诚实的品行。

要成功摆脱囚徒困境，罗伯特·阿克塞尔罗德曾经罗列出这样几项必要条件。

· 条件1：善良。这是非常重要的一个条件，就是不要在对手背叛自己之前先打击对手。

· 条件2：报复。听起来似乎有点矛盾，但他主张的是，成功者必须不是一个盲目的乐观者。对于对方的背叛行为一定要报复，不能总是合作，也就是“可激怒的”。

· 条件3：宽容。在反击对方的报复后要宽容对方，只要对方合作，你就合作，有助于双方重新恢复合作。

· 条件4：不嫉妒。不去争取得到高于对手的利益。

听起来似乎有点儿过于理想化了，是吗？事实上，这也并非不可能实现。

1944年的圣诞夜，两个迷路的美国大兵拖着一个受伤的战友在风雪中敲响了德国西南边境亚耳丁森林中的一栋小木屋的门。小屋的主人是一位善良的德国女人，她轻轻地拉开了门上的插销。

瞬间，家的温暖融化了三个又冷又饿的美国大兵。女主人开始有条不紊地准备圣诞晚餐，没有丝毫的不安和惊恐，也没有丝毫的警惕和敌意。她相信自己的直觉：他们只是战场上的敌人，不是生活中的坏人。美国大兵静静地坐在炉边烤火，屋子里除了燃烧的木柴发出的声音，安静得几乎能听到雪花落地的声音。

就在这时，门又一次被敲响了。来者不是送祝福和礼物的圣诞老人，而是同样疲惫不堪的四个德国士兵。女主人告诉她的同胞，家里有几位特殊的客人，今晚在这栋小木屋里，要么发生一场惨烈的屠杀，要么共同享受可口的晚餐。在女主人的授意下，德国士兵们垂下枪口，鱼贯进入小木屋，顺从地把枪放在墙角。

这或许是二战史上最特别的一幕了。一名德国士兵慢慢蹲下身，为一位年轻的美国士兵检查腿上的伤口，而后转过头向自己的上司急速地说着什么。人性中的善良与温情，带给了他们美好的感受，没有人担心对方会把自己变成邀功请赏的俘虏。

第二天，从睡梦中醒来的士兵们，在同一张地图上指点着，寻找着回各自阵营的最佳路线。然后，他们握手告别，沿着相反的方向，消失在茫茫无际的雪原中。

在战场上，美国士兵和德国士兵是死敌，可在客观条件的影响下，他们都陷入了困境中。庆幸的是，木屋的女主人很睿智，与两国的士兵一起建立了和谐的相处关系，并最终一起走出了困境。这再一次提醒我们：人与人之间关系的不友善，往往是彼此都先考虑了自己的利益。陷入困境中时，若能摒弃自私的心理，共同合作，便能实现利益最大化。

生活是复杂的，困境也是多种多样的，甚至会超出我们的想象。可万变不离其宗，既然要玩游戏，就得遵守游戏规则。为了不闹到两败俱伤的地步，深谙“一荣俱荣，一损俱损”的结果，选择相互信任、相互依赖，才是理智之举。

14 | 为什么自作聪明的行为，讨不来半点好处?

——在更高明的人面前，自作聪明最为愚蠢

陷入困境的那一刻，谁都希望能够有一个万全之策，帮助自己顺利地摆脱麻烦。可现实终究不是乌托邦，且不说万全之策是否能找到，即便真的存在，也未必有充足的时间去思考。若非要在短时间内做出抉择，我们要怎么做才好?

看过司马光砸缸的故事吧?孩子们一起玩耍，有人不慎掉进了水缸，司马光情急之下就把水缸砸了，救了那个孩子的命。单说砸破了缸这件事，肯定会挨骂的，可相比闯下的这个祸来说，淹死人是更大的祸，权衡一下，自然应该砸缸救人。正所谓：两害相权取其轻。

道理很简单，可我们的头脑却并非时时都清醒，有些人总是趋害避利，也有些人极力求全，这些想法都是不理智的。在困境之下，我们不可能什么都保全，牺牲和舍弃是必然的，唯一的区别就在于舍谁留谁。

两个学生都在杜克大学修化学课程，且成绩都很优异。期末考试前的那个周末，他们自信地去参加了弗吉尼亚大学的一场聚会。由于玩得太开心，周日早上睡过了头，来不及准备周一上午的化学期末考试。

最后，他们没有参加考试，还向教授撒谎说，他们在从弗吉尼亚大学回来的路上轮胎爆了，由于没有备胎，只好在原地等待救援。现在，他们精疲力竭，能不能安排他们隔天补考？教授想了想，同意了。

两人利用一晚上的时间精心地准备了一番，自信地参加周二上午的补考。教授安排他们分别在两间教室作答。第一个题目在考卷第一页，占10分，非常简单。两个人都写出了正确答案，自信地翻到第二页。第二页只有一道题，占90分，题目是：“请问爆的是那只轮胎？”结果，两个学生在卷子上都主动向教授承认撒谎并做了检讨。

教授制造了一个困境，委婉地揭穿了两个学生的谎言。两个学生也很聪

明，在做第二道题时，他们肯定在心里进行了一番博弈，最终选择“坦白”。毕竟，之前他们没有协商过，两个人选同一轮胎的概率只有25%，与其冒着继续撒谎被拆穿的危险，倒不如老老实实地承认错误，这就是“两害相权取其轻”。

很多时候，失败不是因为不够聪明，而是因为自作聪明。在面对失误的时候，你觉得自己说的谎言滴水不漏，但别忘了囚徒困境中还有警察的角色，他也许早就知道了真相。在一个比自己高明的人面前，自作聪明是最愚蠢的，它不会给你带来半点好处。选择如实地交代，虽不是最佳的策略，可至少可以避免最糟糕的结局。

15 | 只想着为自己谋利的人，是真聪明吗？

——把别人逼得无利可图，你也会一无所有

如果有机会的话，人总是想得到更多的，拥有更好的。在博弈论中，理性的人都很精于算计，但聪明过了头往往什么也得不到。一个人过于关注自身利益的时候，就会忽视其他构成利益的因素；当其他必要条件不具备时，再好的想法和计划，也会化为泡影。

这就是经济学家希克·巴苏教授提出的“旅行者的困惑”，它讲的是一种零和博弈：博弈双方都是为了让自身利益最大化，而不考虑对方的收益。我们不妨一起看看这个经典案例。

在某航空公司，两位旅客丢了自己的旅行包，两人互不相识，但丢失的包一样，且里面都装有价值相同的花瓶。两位乘客向航空公司索赔，要求他们赔偿1000美元。

为了评估花瓶的真实价值，航空公司的负责人将两位旅客分开，让他们写下花瓶的价值，其金额不高于1000美元。同时，航空公司负责人还告诉两位旅客：如果两个数字是一样的，会被认定为花瓶真实的价值，他们也将获得相应的赔偿；如果数字不同，写下较小金额者会获得200美元的额外奖励，而较大的则会有200美元的惩罚。这样一来，就存在四种情况：

1.双方都写1000美元，航空公司支付2000美元的赔偿。

2.一人申报1000美元，另一人申报1000元以下，航空公司支付2200美元的赔偿。

3.一人申报1000美元，另一人申报1000美元以下，航空公司支付小于2200美元的赔偿。

4.两人都申报1000美元以下，且相同，航空公司将支付小于2000美元的赔偿。

综合四种情况来说，航空公司最多可支付2200美元的赔偿。可对于两位旅行者来说，问题就变得复杂了。他们在琢磨一个问题：谁报价低，谁就能得到200美元的奖励。

A决定报价879美元，虽然这个价格比购买价888美元要低，可若加上200美元的奖励，就是1079美元，还是有得赚。在出招之前，他又开始琢磨对方的心理：万一他知道了我的想法，那怎么办呢？越想越谨慎，申报的价格也越来越低。

此时此刻，B的想法和A一样。最终，他们两人都把价格定在了689美元，想着申报这个价格，能得到200美元补助的话，刚好是889美元，比购买价格里多1美元。两人都以为自己想得够周全，可没料到，对方也是如此。

当航空公司负责人公开两人的申报价格时，A和B都蒙了。最终，航空公司只支付了1378美元的赔偿，远远低于最初预计的2200美元的赔偿，精明的

A和B每人损失了199美元。

事实上，A和B本可以共同申报最高限额1000美元，这样两人就能各赚112美元，可惜他们都想成为“得赔偿金最多的人”，相互算计着对方，结果把自己也算计进去了。

都说天才和疯子只有一步之遥，其实过度的理性和犯傻也只有一步之遥。过度的理性不符合现实，谁也不能算计出对手会在几十步之后走哪一个棋子。如果你根据自以为是的理性去算计出对手下面的每一步棋会如何走，并推导出现在自己该走哪一步棋，结局肯定是错误的。

旅行者困境告诫我们：聪明能给人带来一定的好处，但做人不要太精明，太过于算计，将自己完全凌驾于他人之上，或是完全漠视他人的利益，只顾着为自己攫取更多的利益。当你把人逼得无利可图的时候，你也会一无所有。

生活中就有这样的事。一位老人因车祸住院，很想借机敲诈肇事司机，就在医院里开了很多与车祸创伤无关的营养药，花了许多额外的钱。他觉得，这些钱就该肇事司机掏。肇事司机起初并无异议，愿意承担医药费，可老人没完没了地找借口想要得到更多的赔偿。

肇事司机能力有限，被逼无奈之下只好找到交警队，彻底排查事故原因。最终，交警队判定，老人应承担70%的责任。也就是说，他花的钱越多，自己承担得越多。得知这一消息后，老人悔不该当初地说："早知道这样，我就不开这么多营养药了，医院的药多贵啊！我也不该得寸进尺，向人家乱要钱。"

瞧，这就是摆在现实中的活例子，在为自己的私利考虑时，表现得太"精明"了。很可惜，精明不是高明，精明过头的结果就是，聪明反被聪明误。懂得这个道理，能少走很多弯路。

16 | 一点小亏都不肯吃的人，为何往往会吃大亏？

——让别人得利，才能调动对方的积极性

囚徒困境的形成，与两个当事人都害怕吃亏有关。现实生活中，如果凡事都抱着这样的心态，不肯吃一点儿亏，往往最后会吃一个大亏。若是在适当的时候舍弃点小利，得到得也许更多。

美国第九届总统威廉·哈里逊，是从美国贫民窟里走出来的伟人。年少的时候，他家境贫寒，不知道是性格原因，还是受环境影响，哈里逊总是沉默寡言，曾经一度被家乡的人认为是个傻孩子。

有人为了验证哈里逊是不是真的和看起来一样傻，就把一枚5美分的硬币和一枚1美元的硬币放在他面前让他挑选，说挑到哪个就送他哪个。哈里逊抬头看了看周围人的眼神，又低头看了看眼前这两枚分值不同的硬币，毫不犹豫地拿起来那枚5美分的硬币。旁边的人看了，不禁哈哈大笑，说哈里逊真的是一个傻小孩。

哈里逊虽然看起来有些木讷，但很多人并不相信他真的傻，毕竟他不是一个没有判断能力的三岁孩子，更不是一个有明显智障行为的弱智儿，而是一个正在上着学的三年级学生。为了求证“哈里逊是傻小孩”论断的正确性，许多人都饶有兴致地用5美分和1美元的硬币做试验，让哈里逊当着他们的面挑选。然而，每一次哈里逊都是拿5美分的硬币。

一位好心的夫人见他很可怜，就把他叫到身边，问：“哈里逊，老师在学校里没有教过你认识硬币吗？你不知道5美分和1美元哪个更值钱吗？”哈里逊的回答，让那位夫人大感意外：“我当然知道，尊敬的夫人。可如果我拿了那枚1美元的硬币，他们就再也不会把硬币摆在我面前让我选了。那样的话，我连5美分也得不到。”

哈里逊的“傻”，实则是真聪明。就某一次局部合作而言，也许他的策略是吃亏的，但这样的选择却给他带来了更大的好处。如此看来，吃点儿小亏也是值得的。相反，有些人只是看似“聪明”，处处算计着，生怕自己吃亏。他们忘了，别人也并不比自己傻，当对方看穿了你的心思，自然也就不会再陪你继续游戏了。到那个时候，你可能一无所得。

有一位做砂石生意的老板，没读过什么书，也没有背景，可他的买卖却做得风生水起，而且历经多年不衰。有人问过他，是不是有什么经营秘诀？他告诉对方：“没什么秘诀，跟合作者分利润的时候，我都是拿最少的，把大头给对方。”

听到这样的回答，许多人都不信，认为他在敷衍。要真的把多半好处都给了人家，自己怎么赚钱呢？可实际上，那位老板并没有撒谎，他一直以来真是那么做的。所以，那些跟他有过合作的人，尝到了这个甜头，下次还愿意跟他合作，并介绍身边的朋友过来，说他这个人实在。

渐渐地，老客户带来新客户，他的客源就不断了。虽然每次只拿一个小头，可所有人的小头集中起来，就成了最大的大头。因而，这个习惯“吃亏”的老板，也就成了最大的赢家。

对于“吃亏是福”四个字，我们一点儿也不陌生，可真正做到的人却少之又少。毕竟，人有趋利的本性。聪明的人恰恰是抓住了人性的这一弱点，选择让自己吃点亏，让别人得利，从而最大限度地调动对方的积极性，增加自己的利益。单从某一次合作上看，他是吃亏了，可从长远来看，这不过是一种迂回的策略，最终得到得远比舍弃得要多。

阿尔伯特·哈伯德在《双赢规则》中说过：“聪明人都明白这样一个道理，帮助自己的唯一方法就是去帮助别人。帮助别人解惑，自己获得知识；帮助别人扫雪，自己的道路更宽广；帮助别人，也会得到别人友善的回报。”

如果你帮助其他人获得他们需要的事物，或者帮助其他人壮大了自己，当他得了利、赚到钱之后，作为回报，一定会反过来帮你赚钱，这时候，你得到的必然会比付出的多！当然了，我们也要明白一点：吃亏不是盲目而行，把亏吃在明处，便宜占在暗处。就像哈里逊和那位砂石老板一样，在一次博弈中给对方一点小便宜，多次博弈的结果就让自己得到大便宜，双方都乐此不疲，这才是真正的智慧。

17 | 相逢一笑泯恩仇，有那么神奇吗?

——真诚的微笑令人愉悦，能快速打动人心

三个医生各自吹捧自己的医术如何高明。第一个医生说：“我给一个病人接好了腿，他现在是全国著名的运动员。”第二个医生说：“我给一个病人接好了手臂，他现在是全球有名的拳击冠军。”第三个医生说：“你们的医术都算不了什么！前不久，我给一个白痴装上了笑容，他现在可是全世界最伟大的推销员了。”

虽然是一则笑话，但也道出了一个事实：微笑可以有效地拉近与对方的距离，快速地赢得对方的好感。这，就是心理学上的微笑法则。人们常说“伸手不打笑脸人”“相逢一笑泯恩仇”，就是因为微笑能让人感到愉悦、幸福，也是最能打动人心的“心理武器”。

沃尔玛的创始人山姆·沃尔顿传下来一条“三米微笑法则”。每当他去巡店时，都会鼓励员工和他一起做一件事：在三米以内遇到顾客时，微笑着与对方打招呼，同时询问能为他做什么。在情感消费时代，消费者看重的不单单是商品本身，还渴望获得情感上的满足、心理上的认同。竞争越发同质化的今天，赢家一定是为顾客提供性价比高的产品，以及良好的顾客体验。

飞机起飞前，一位先生请求空姐为他倒一杯水，称需要服药。空姐有礼貌地答应了，让他稍等片刻，说等飞机进入平稳飞行的状态后，会立刻把水给他送来。

一刻钟后，飞机已经进入平稳飞行状态。突然间，乘客服务铃急促地响起，空姐这才想起，刚刚答应给那位先生端一杯水，却因为忙于其他事给耽搁了，再看按响服务铃的座位，恰恰就是那位先生。她连忙倒了一杯水，小心翼翼地送到那位先生跟前，面带微笑地说：“先生，由于我的疏忽，耽误了您服药的时间，真的很抱歉。”

此时，那位先生已经有些愤怒了，大声说道：“怎么回事？你们这是什么服务态度？”空姐试着解释，可对方很挑剔，一直揪着她的失误不放，不肯说一句原谅的话。

为了弥补自己的过失，这位空姐每次去客舱为乘客服务时，都会特意走到那位先生面前，微笑着问他是否需要帮忙。不过，那位先生气性很大，每次都摆出一副不合作的样子。

飞机快到目的地时，那位先生要求空姐拿来留言本，看样子他是要投诉这名空姐。飞机安全着落后，乘客们陆陆续续地离开。空姐心里紧张极了，被投诉服务态度不好，是一件很严重的事。她忐忑不安地打开留言本，没想到上面写的竟不是投诉，而是这样一段话：

“你的真诚、你的12次微笑，深深地打动了我，也让我感受到你真挚的歉意。所以，我决定把投诉信改成表扬信。你的服务质量很好，下次有机会的话，我还会乘坐此次航班。”

威尔逊总统说过一句话：“如果你握着拳头来见我，我可以保证，我的拳头会握得比你还紧。如果你面带诚恳的微笑来见我，对我说：‘让我们好好谈谈，看看彼此之间意见相异的原因是什么？’那我就会保持良好的心态与你交谈。”

微笑是一个很神奇的东西，它能推动事态朝着好的方向发展，能化解人与人之间的矛盾，在意见产生分歧时软化对方的态度，缓解对方的不良情绪。不过，也有人会质疑：“真到了非常生气的时候，怎么还能笑得出来？”其实，就因为多数人在生气时难以保持微笑，才逐步导致事件恶化。所谓的修养和内涵、智慧与情商，关键就体现在一个人能否控制自己的情绪。

真诚的微笑，就像一个神奇的按钮，即刻接通他人友善的感情。它用无声的表情告诉对方：我喜欢你，愿意成为你的朋友；同时，它也在说：我想你也会喜欢我。不管是谁，见到这样的面孔，都不会拒绝。

18 | 在陌生的环境里，怎样才能与他人建立关系？

——相似是一把钥匙，最易引起共鸣

美国心理学家纽加姆做过一个心理实验：

让17名素不相识的大学生同住一栋公寓，在四个月的时间里观察他们之间的亲疏变化。最初的一段时间，住在同一间房子里的学生关系都很亲密，但随着接触时间延长，学生的交际范围开始扩大，不再拘泥于同一房间。他们根据自己的性格、价值观等，寻找相似的人成为好友。

实验结束后，这些因彼此特性相似而结交的朋友，依然保持着亲密的联系。据此，纽加姆得出结论：人们都喜欢个性相同，以及对事物的观点、人生价值观等方面相似的人，这种现象在心理学上被称为“相似性原则”。

为什么人会喜欢与自己相似的对象交往呢？从心理学上来讲，如果交往的对象与自己相似，社会价值观、个性品质和对一些事物的评价都一样，会更容易得到他人的信任，对我们自身的心理和情绪起到积极的作用。相似的人组成一个团体，彼此之间很少会因为观点不同而发生争执，还能在心理上团结起来一致对抗外界的阻力，增强自身的安全感。

道理说完了，接下来就要落实到行动上了。可是，问题来了。生活不可能如人所愿，我们也不可能每次都遇见跟自己相似的人，万一对方跟自己的想法不一样，怎么办呢？总不能因此就拒绝交往，那样的话，生活的圈子肯定会越来越窄。

什么样的人才是真正的交际高手？那就是，无论遇见什么样的人，彼此之间差异大不大，都能迅速地打开人心，与对方建立良好的关系。哪怕是进入一个陌生的环境，发现周围的人跟自己的性格爱好都不太像，也能尽快找出与他们之间的相似之处，让自己朝着这个方向积极地靠拢，尽快地融入环境。

画家梵高出生在一个牧师家庭，年轻时热衷于传教。25岁那年，他到比利时的矿区传教。那里的人靠采矿为生，终年穿着破旧的衣服，脸上全是煤灰。梵高刚到此处时，心里也是没底的，担心自己不被当地人接纳，一直在思考该

用什么办法让他们认同自己。

有一天，梵高到矿上捡了一些煤渣，准备拿回家生火用。刚做完这件事，布道的时间就到了，他顾不得洗脸，立刻就上讲坛开始布道。没想到，这一次的布道比以往都成功，人们对他所说的观点频频表示肯定。等梵高兴奋地回到家准备洗脸睡觉时，才发现自己的脸上全是煤灰。

那个瞬间，梵高就明白接下来要怎么做了。之后，每天早上起来，梵高都会往自己的脸上抹煤灰。很快，他就融入了当地人的生活中。

人的社交圈，以自己为圆点，以年龄、爱好、经历、知识等为半径，构成了无数个同心圆。与别人的共同点越多，交叉面积越大，越容易引起共鸣。在与他人交往时，找到合适的切入点至关重要。切入得好，一切都会水到渠成；切入得不好，就可能从此产生隔阂。

要想和他人搞好关系，根本用不着强搭讪，最有效的办法就是默默地跟他做同样的事情，一旦你跟对方有了共同的“记忆”，也就有了可供分享和讨论的资源。待到那时，陌生人之间的隔阂会不攻自破。

19 | 为什么有些赞美的话，听起来那么假？

——赞美得有理有据，用漂亮话讨好叫奉承

酸甜苦辣麻等多种味道中，唯有“甜”不太遭人强烈排斥，除非身体严禁摄入糖分。健康专家认为，人喜欢吃甜是正常的生理反应，因为自然界里面，甜的东西通常是无毒的，而苦涩的东西多半有毒。

心理学家则认为，人都喜欢把自己的个人快乐、幸福、价值感建立在他人认可的基础上，当别人的评价对自身有促进作用，受到了肯定与赞美时，每个人都会感到愉悦，不免对说话者产生一种亲近感，从而缩短彼此间的心理距离，人与人之间融洽完美的关系，往往就是从这里开始的。赞美就像是一颗糖，而生活中几乎没有人能够拒绝这一特殊“糖果”的诱惑。

星星监狱的狱长发现，对于犯人们的勤劳，如果给予适度的夸奖，要比严厉的惩罚、责备他们的过失，更能得到他们的合作，更能促进他们恢复人格。要知道，那座监狱里关押的可都是穷凶极恶的重罪犯人，可即便如此，他们依然无法抗拒赞美的力量。

人类本性中最深的渴望就是被别人欣赏。在人际交往中，人都是把自我价值放在第一位的，都有自我价值保护的需要。从静态角度来看，这种自我价值保护体现在交互性原则上，即喜欢的是喜欢自己的人，厌恶的是厌恶自己的人；从动态角度来看，这种自我价值保护体现在人际吸引水平的增减原则上，即人最喜欢的是对自己的喜欢水平不断增加的人，而最厌恶的是对自己的喜欢水平不断减少的人。赞美之后再继续赞美，给人的印象就是你对他的好感进一步增加了，他如何能不喜笑颜开呢？

W性格爽朗，不管是亲戚朋友还是周围客户，无论对方有怎样的性格爱好，她都能很快跟对方打成一片。她的好人缘，全在于她懂得察言观色，巧妙

地找出话题，悄无声息地赞美人。

一次年终聚会上，她的直属上司因突发情况要处理，不得不暂时离开。只是，他携同爱人一起来参加，自己走了，爱人独自参与聚会，谁也不认识，显得有些冷清。他知道W能说会道，做事有分寸，就拜托W关照一下自己的爱人。当时，W被上司介绍给上司的太太时，两个人是初次见面，一点儿也不熟悉。为了避免尴尬，W试图寻找点谈得来的话题。

这时，她突然看到上司的太太脖子上佩戴的坠子，随口说了一句："您的坠子很特别，似乎并不常见。"果然，这句话引起了这位太太的兴趣，她说："是的，这个坠子只有在巴黎圣母院才买得到。"W的话，让她想起了关于坠子的种种往事，她的话匣子就这样打开了。

言谈之间，W感觉到，上司的太太对饰品非常有研究，她便顺着这件事，赞美对方："看来您对饰品真的是很内行，我觉得，收藏饰品也是非常考验一个人的品位的，以后在这方面我还得向您多请教呢！"上司的太太和W相谈甚欢，全然忘了时间，待聚会结束后，她还觉得意犹未尽。回去之后，她跟先生说："W这女孩真是不错，我跟她很谈得来。"

赞美这一心理策略的正面效用，我们看得很清楚，但在实际应用的时候却没有那么简单。要是把赞美变作了奉承，就会给人一种虚伪的感觉，认为是矫揉造作。那么，两者之间有什么区别呢？简而言之一句话："赞美是发自内心的，奉承是从牙缝里挤出来的。"

运用赞美之前，你得从内心深处认可他人身上某些优点，而不能基于某种目的试图用漂亮话来收获"回报"。不要认为对方看不出来，奉承的话说得再好听，如果不是真心的，脸上的表情也会出卖你。同时，赞美一定要有理有据，不能把原本普通的东西任意夸大，也许一次两次对方没察觉，可日久见人心，待人发觉你的“小算盘”之后，心里会更加不屑。

真诚是人际交往的基础，没有人不被真心诚意的赞赏打动，包括那些看起来冷若冰川的人，也包括那些所谓的“敌人”。每个人都有可取之处，都有值得称道的地方，你只要大大方方地说出来，就能与对方进行友好的沟通，化解恩怨。

20 | 遇到尴尬的处境，如何处理才不丢脸？

——大胆自曝其丑，更容易被人接纳

20世纪50年代，美国总统杜鲁门因为有事召见了麦克阿瑟将军。麦克阿瑟很傲慢，在会谈中，他自顾自地拿出烟斗、装上烟丝，并且把烟斗叼在嘴里，手里拿着火柴，都要准备划燃火柴时，才停下来征询杜鲁门总统的意见，他说："总统先生，你不会介意我抽烟吧？"

他已经做好了准备抽烟的架势，显然这种征求不是真心的。如果杜鲁门说他介意的话，那么就会显得十分粗鲁、不懂礼貌。麦克阿瑟无礼的傲慢言行让杜鲁门总统非常难堪，不过，机智的杜鲁门总统并未失礼，他看了麦克阿瑟一眼，说道："抽吧，将军！别人喷到我脸上的烟雾，比喷在任何一个美国人脸上的烟雾都多。"

杜鲁门这一招用的是心理学上的"自嘲法则"，现代的网络用语俗称"自黑"。这一心理策略的实质在于，对自己的短处不采用遮掩的手段，而是以一种豁达、乐观的态度把短处夸张，进行巧妙的引申，既化解了尴尬的情境，又不至于落人笑柄。

毫不夸张地说，自嘲的心理策略是每个人都应当修的功课。无论你心思多么细腻，做事多么谨慎，也难免会有疏忽的时候，不可能事事都做得完美，总会有意无意间犯一些错误、说错一些话，或是不小心得罪了别人，虽然主观上并不愿如此，但客观上让气氛变得凝重。面对这样的尴尬境遇，总要想办法处理。

有些人比较羞涩，遇到尴尬的事，慌张得不知所措，或是匆匆走掉。其实，越是这样，越会遭人耻笑。真正聪明的人，不会任由尴尬继续下去，而是在别人开口指责、生气发怒、嘲笑讥讽之前，放下自己的架子，大胆地“自黑”一番，赌住别人的嘴巴，为自己争取主动权。

不要觉得“自黑”是一件丢脸的事。从心理上讲，敢于自曝其丑，恰恰展示了你内心的坦诚和大度，给人值得信任和亲切的感觉。相反，越是羞羞涩

涩、敏感多疑地维护自尊，越让人觉得不舒服。而且，在人际交往中，把“自黑”用好了，还能有效地拉近与他人的距离。

英国作家杰斯塔东是个大胖子，行动起来特别憨笨，用别人的话说，简直就是“路也走不动，山也不能爬”。不过，他倒没为这件事自卑，就像罗慕洛坚持“愿生生世世为矮人”的豁达一样，他对肥胖看得很淡，还时常自嘲。

有一次，他对自己的朋友说：“我可是天下第一大好人，每当我在车上给妇女们让座时，我的一个座位，足以让三个妇人坐下。”这番话逗得朋友们哈哈大笑，觉得他实在风趣，而这种自嘲也让他的缺陷在笑声中悄悄地被掩盖了。

有一位女演员，也是体型肥胖，可她从不在意别人异样的目光，就算偶尔有人提到身材保养的话题，她也表现得很坦荡，还时常拿自己的体形开玩笑。她曾经当众说：“我从不来不敢穿白色泳衣在海边游泳，我一去，飞过上空的美国空军一定会紧张得要命，他们会以为自己发现了古巴。”一句自嘲，不仅没有降低女演员的品位，反让人觉得她性格可爱、爽朗。

鲁迅先生说过：“我的确时时解剖别人，然而更多的时候更是无情地解剖自己。”

解剖自己需要勇气，自嘲同样需要勇气和魄力。一个懂得自嘲、敢于自嘲的人，内心一定是自信而开阔的，这不是最美、最吸引人的人格魅力吗？遭遇尴尬的时候，不管别人是不是在笑你，先自己笑自己吧！

21 | 我自认为待他不薄，为什么他不领情？

——想让对方认同，得从对方的立场思考问题

德国心理学家做过一个心理实验：他们将受试者分为两组，给每人一百美元去赌钱。在进入赌场之前，测试者对其中一组人说："如果你们选择不赌的话，将会失去百分之六十的钱。"结果，几乎所有的人都去赌了。测试者又对另一组人说："如果你们选择不赌的话，你们就会得到百分之四十的钱。"结果，绝大多数人都没有进赌场。

这是一个很有意思的实验，它阐述了一个重要的心理学问题：在处理任何事情时，由于认识和思考的方法不一样，心理反应也不尽相同，引出的结果也可能截然相反。这也提醒我们，在人际交往的过程中，不能凡事只想着自己的立场，适当的时候要学会换位思考。

所谓换位思考，是指某方站在另一方的立场上思考问题的一种心理体验过程。这需要我们将自己的内心世界与对方的内心世界联结起来，设身处地地思考问题。换位思考体现出的不仅仅是理解，还有对他人的关爱。当然了，有时也是跟对方拉近关系、化解矛盾的一种心理策略。

有一户法国人家想在城里租房子，折腾了一整天，总算找到一栋要出租的房子。丈夫敲开房东家的门，询问是否可以把房子租给他们。房东是两位老人，看着眼前的这对夫妇带着一个五岁左右的孩子，摇了摇头，礼貌地回绝了他们："不好意思，我们不想把房子租给带小孩的租户。"

刚刚萌生的希望，就这样破灭了，夫妇两人很遗憾，只好准备离开。出人意料的是，孩子竟然拉住父母，说："让我试试。"他敲开房东家的门，见到房东后礼貌地说："老爷爷，我想租这个房子。我没有孩子，只有两位老人。"房东听了这番话，笑着答应了小孩的要求。

同样一件事，成年的父母没有做到的，五岁的孩子却做到了，问题出在哪儿呢？其实，最为关键的点就是，孩子从房东的话里，琢磨出了房东的心理。

房东不愿意将房子租给带小孩的家庭，就是担心小孩子不懂事，影响到自己休息。孩子捕捉到了这个信息，站在房东的立场上转换了请求的方式："我没有孩子，只有两位老人。"

听起来很简单的一句话，实则包含着很多信息。孩子主动在房东面前表现出了自己机灵懂事的一面，消除了房东内心的顾虑，让房东改变了主意。这一招，就是心理学上的"换位思考"。

每个人在生活中都扮演着不同的角色，也有自己独特的经历和看问题的视角。学会换位思考，可以打破我们站在某个角色的局限性。遇到问题的时候，可以柔和地让对方放下成见，效果远比争论好得多。

站在对方的立场分析问题，会给人一种为他着想的感觉，这种投其所好的技巧具有极强的说服力。要做到这一点，知彼知己就显得格外重要了。当你想要说服一个人做某件事，在开口之前最好先问问自己：我怎么样才能让他愿意做这件事？心理博弈的高手，往往就会从对方的需求出发，设身处地地去思考这个问题。

卡耐基每个季度都要在纽约的一家大型酒店租用大礼堂20个晚上，用来讲授社交训练课程。当一切准备就绪时，他忽然接到通知，酒店经理要求他支付比原来贵三倍的租金。此时，入场券都已经印好发出，开课的其他事宜也办妥了。显然，他必须得跟经理交涉一下。

到了双方博弈的时候，卡耐基开始抛出换位思考的招数："我接到你的通知时，有点震惊，但这也不能怪你。如果我处在你的立场，或许也会写同样的通知书。你是这家酒店的经理，让酒店尽可能得到更多的利润，也是你的职责。倘若你不这样做的话，你的职位可能就不保了。假如你坚持要增加租金，让我们来估计一下，这样对你到底是有利还是有弊？”

卡耐基拿出一张纸，在中间的地方画出一道分割线，一边写上“好处”，另一边写上“坏处”，从酒店的角度客观而详细地分析了利弊，并对经理说：“希望你认真地考虑一下，再做决定。”结果，第二天，酒店告知他，租金上调的比例从原来的300%降低到原来的50%。

直至得到这个结果之前，卡耐基从来没有向他们提起过自己想要什么，而是一直在谈论他们想要的，以及他们如何才能得到。他知道，如果气冲冲地跑到经理办公室，对他吼道：“你们到底什么意思？我的入场券都已经印好，公告也发出去了，现在你们却告诉我要增加三倍的租金，这太荒诞了。我是不可能付钱的！”我们可以想象得到，接下来会发生什么？肯定是大闹一场！到最后，就算酒店知道自己的行为错了，为了维护自尊心，也很难做出让步。

与人相处是一门大学问，想博得对方的好感，不妨牢记这番话：“用自认为好的方法来对待别人，是自作多情；用希望别人对你的方法来对待别人，是将心比心；用别人期待的方式来对待别人，是善解人意；为对方着想，这是最朴素也是最高超的技巧。”

22 | 那个经常说“我”的人，你愿意和他聊天吗？

——掌握自己人效应，多说“我们”少说“我”

会说话的人，在语言传播中，往往会避开“我”字，而选择用“我们”。

其实，这是在运用“自己人效应”，它和社会心理学中的喜欢机制是一脉相承的。所谓“自己人”，就是指对方把你与他归于同一类人的人，“自己人效应”是指人们习惯对“自己人”所说的话更加信赖，更容易接受。

俄国十月革命刚刚胜利的时候，许多农民怀着对沙皇的刻骨仇恨，坚决要烧掉沙皇住过的宫殿。为此，不少人都来做农民的工作。可不管是耐心劝解，还是利益诱惑，农民都置之不理，非烧不可。最后，列宁只好亲自出面。

列宁对农民说：“你们想烧房子，没问题啊！不过，在烧房子之前，我们大家一起来思考几个问题好不好？”“当然可以。”

列宁问：“沙皇住的房子是谁造的？”

“是我们造的。”农民回答。

列宁又问：“我们自己造的房子，不让沙皇住，让我们自己的代表住好不好？”

“好！”农民异口同声地回答。

列宁再问：“那么，这房子我们还要不要烧呢？”

农民们觉得列宁讲得很有道理，最后同意将房子保留下来。

在整个博弈的过程中，列宁运用的都是“自己人效应”。他巧妙地利用感情技巧，拉近了与农民之间的心理距离，让对方化解了内心的积怨。在我们日常的人际交往中，这一招也是百试不爽的。

冯玉祥将军在他的“丘八诗”中号召士兵：“重层压迫均推倒，要使平等现五洲。”他十分体恤士兵，关心他们的生活，曾经亲自为伤病者尝汤药，擦身搓背，跟士兵们一样吃粗茶淡饭。正因为此，士兵们都觉得冯将军没有架子，因而都尊重他，听他的领导，有什么想不通的事情也都愿意跟他诉说。

细翻中外伟人的传记，我们大都会发现一个事实，这些人在与人相处的过程中，往往都散发着吸引人的魅力。这份魅力不仅在于他们的能力和才华，更在于做人的艺术。换句话说，就是深谙人心，任何层次、任何年龄的人跟他们

在一起，都不会感到有隔阂，甚至会觉得“他就是和自己一样的人”。

1860年，林肯作为美国共和党候选人参加总统竞选，他的对手是大富翁道格拉斯。道格拉斯租用了一辆豪华的竞选列车，沿途宣传演讲。道格拉斯得意地说：“我要让林肯这个乡巴佬闻闻我的贵族气味。”

面对此情此景，林肯丝毫没有畏惧，他登上朋友们为他准备的耕田用的马拉车，沿街发表这样的竞选演说：“有人写信问我有多少财产。我有一个妻子和三个儿子，他们都是无价之宝；此外，我还租有一个办公室，室内有办公桌一张、椅子三把，墙角还有一个大书架，架上的书值得每个人一读。我本人既穷又瘦，脸蛋很长，不会发福，我实在没有什么可以依靠的，唯一可依靠的就是你们。”听到最后一句话的时候，选民们被深深地打动了。他们对林肯产生了“自己人”的感觉，大力支持他。后来，林肯在选举中胜出，顺利当上美国总统。

亨利·福特二世在描述令人厌烦的行为时说过：“一个满嘴‘我’的人，一个独占‘我’的人，随时随地说‘我’的人，是一个不受欢迎的人。”与人沟通时，“我”字讲得太多，并且过分强调“我”，会给人突出自我、标榜自我的印象，让你和对方之间产生一道防线，形成障碍，影响他人对你的认同。

要别人喜欢你、信任你，就要想办法让对方认为你是“自己人”，并且努力使双方处于平等的地位，这样才能提高人际影响力。最后要说的是，培养良好的个性品质。心理学研究证明：具备开朗、坦率、大度、正直等个性品质的人，人际影响力较强；自私、欺上瞒下、表里不一、以自我为中心的人，是最不受欢迎的。所以，为了跟多数人保持融洽的关系，一定要加强个性品质修养，懂得维护他人的自尊心，少说“我”，多说“我们”。

23 | 为什么说“不经反思的人生是不值得过的”？

——强行地说服，不如引导对方自我觉知

生活中，什么样的人是最会聊天，最让人喜欢跟他聊天的？现在，想一下你周围的人，你想到了谁？不管那个人是谁，他大概都有这样一个特质：不会在人前滔滔不绝地谈论自己，而是习惯倾听，在恰当的时候给予你回应，并总能想办法让你说出自己想说的话。

真正善于交际、深谙人心者，从来都是一个“问话”高手。他在生活中与人交往时，会给人一种善解人意的亲和感，而当自己与对方立场不同、产生分歧的时候，也能用引导的方式，在博弈中胜出，让对方心甘情愿地说“是”。待对方回答的次数变多了，他再回到主题上，对方也会无意地回答“是”。这种博弈方式，在心理学上被称为“苏格拉底式提问”。

苏格拉底是古希腊有名的哲学家，他有一句至理名言：“不经反思的人生是不值得过的。”

苏格拉底因何这样说呢？原因就是，在公众场合传授自己的思想时，他从来不是滔滔不绝地讲解，而总是说自己什么也不了解，借机向对方提出一系列的问题。在他看来，提问的过程，就是一个不断反思的过程。

有一回，他跟一位年轻人讨论“什么是道德”的问题。

苏格拉底：“人人都说做人要有道德，你能否告诉我什么是道德？”

年轻人：“做人要忠诚老实，不能欺骗他人。这就是大家说的道德的行为。”

苏格拉底：“你说道德就是不能欺骗他人，那在和敌军作战时，我国的士兵为了击退敌人，想办法欺骗、迷惑敌军，这种欺骗是不是道德的呢？”

年轻人：“欺骗敌军当然符合道德，但是欺骗国人就是不道德了。”

苏格拉底：“当我方士兵和敌军交战时被敌军包围了，士气低落。我方将领为了提升士气进行突围，欺骗士兵说援军马上就到，要组织突围。结果士气大振，我方突围成功。那你说这位将领是个不道德的人吗？”

年轻人："在战争中一切都是合理的，所以这位将领是道德的，但我们在生活中不能欺骗人。"

苏格拉底："我们在生活中经常会遇到这样的情况：儿子生病了，父亲来取药，儿子却不愿意吃。为了让儿子乖乖吃药，父亲骗儿子说这个东西不是药，而是一种好吃的食物。儿子相信父亲，就把药吃了，第二天病好了。你说这位父亲是个不道德的人吗？"

年轻人："这种欺骗是道德的。"

苏格拉底："不骗人是道德的，骗人也是道德的，那到底什么样才是不道德的呢？"

年轻人："我现在都糊涂了，以前我还能分辨出什么是道德的，什么是不道德的，现在却分不清了。您能告诉我，什么才是道德的吗？"

苏格拉底："其实，道德就是道德。"

苏格拉底的意思是说，没有一成不变的道德，道德因情势而改变、因人而异。在跟年轻人讨论时，他提出了一系列的问题，让对方陷入了自我矛盾中，直至自己承认自己的观点是错的。事实上，在说服他人的时候，不一定非要提出一系列的问题，细心留意的话你就会发现：运用疑问句总是比陈述句更具说服力。

有个妈妈和儿子一起逛商场，儿子很想让妈妈给自己再买一条牛仔裤，可又担心妈妈不同意。因为，前些天妈妈刚给他买过一条。他很聪明，没有直接说："我就想买。"而是板着脸，用严肃的语气跟妈妈说："您见过哪个孩子只有一条牛仔裤的？"

就这么一句话，妈妈就笑了，即刻给他买了一条。在跟朋友说起这件事时，她讲道：“如果这孩子撒泼耍小性让我给他买，我肯定不同意。可他这么一问，我倒觉得孩子也得注意自己的形象，哪能让孩子总是穿同一条牛仔裤呢？我就给他买了。”

虽然没有直接说出自己的意图，可一句巧妙的提问却引得听者反思，让对方主动说“是”。今后，如果你想说服一个人，不妨也试试苏格拉底式提问。有时候，一句有力的问句，胜过十句滔滔不绝的表达。

24 | 不认同别人的观点时，为何不能直说“你错了”？

——先认同再否定，更容易被人接受

Y是一位保险业务员，从业有十几年了，在公司里的业绩相当出色。都说这个时代保险行业不好做，很多入行的人坚持不了多久就放弃了，原因就是还没跟客户详谈，就直接被客户拒绝了。Y在这方面让很多同行望尘莫及，她的销售似乎做得得心应手。

有同事向Y取经，Y提到了一条：保持耐心，先听客户说什么，站在客户的角度想问题。最重要的是，先取得说话权，等谈得顺利后，再趁机糅进自己的看法，引导客户听取自己的意见。比如，经常会有客户回绝说：“我对保险不感兴趣。”不少新人听到这句话说时，心气立刻就没了，也不知道该怎么接话了。Y在碰到这样的状况时，会接着顾客的话说：“您说得有道理，谁会对保险这种关于生、老、病、死躲也躲不及的事情有兴趣呢！我也没兴趣。”

听到这里时，顾客往往会反问：“既然你也没兴趣，干吗还要做这一行？”这就给了Y表达自己的机会。之后，她会把保险的重要性讲出来：“虽然咱们都对保险没兴趣，可生活中的很多事情我们无法预料……”

很多保险推销员之所以做得不顺利，通常就是在上面这个博弈的环节中犯了错误，他们会反驳顾客的观点：“你错了，保险很重要……”直截了当地否定对方的说法，必然会招来反感，顾客也必定不会给他继续说下去的机会。听他说下去，那感觉就像在接受“批评”和“教育”，谁愿意丢这样的面子呢？

生活中有一个“YES，BUT定律”，在试图说服别人的时候，不妨先听对方说，对对方的想法表示肯定和接受，即“YES”；听完之后，再说出自己认同或不认同的想法，即“BUT”。这样的话，对方才会觉得“跟你说话永远有希望”，而不是被一竿子打死。

就像我们前面说的，每个人都要面子，你若能顾全对方的面子，把他置身于一个平等的地位，甚至让对方有一种被重视、被尊重的感觉，他才能敞开心胸，接受不同的想法。否则的话，他可能变得更加顽固，特别是在听到“你错了”的话语时，更是难以接受，会让彼此的关系进入僵局，为你的说服增加难

度。倘若换一种说法："你说得没错，我能理解你的心情，只是对很多人来说，还不太现实……"

委婉地表达不同的看法，比直接说"不"更容易让人接受。当你认同对方的观点时，就等于给予了对方表现的机会。当他心情愉悦了，对你产生了好感，才有可能接受你的建议。要做到这一点，也是需要掌握一些技巧的。

你一定要在言语上肯定对方。当对方表达出自己的观点时，最好笑着给予肯定，然后给对方更多表达的机会。这样的话，就比较容易满足对方的表现欲，一旦他愿意与你开心地交谈，就意味着他把你当成了朋友。待他讲得差不多时，你可以再表达出自己的一些不同看法和建议，此时对方会更容易接受。

你要注意倾听对方的话。倾听他人是一种尊重，是一种无声的认同。无论对方说的观点是对是错，都要微笑着给予肯定，哪怕你再不认同，也要忍耐。一旦你与对方发生了争论，接下来，不管你说什么，他都很难接受。

倾听了他人的观点后，轮到你表态了。此时，你可以说"BUT"，但态度一定要温和，给对方留点余地。比如，听取了对方的意见后，若不太同意，可以说："你刚刚说得有一定的道理，但如果能够……是不是会更好？"也可以说："你的意见我想再补充一下，或许没那么好，但也希望作为参考。"

换位思考一下，当别人用这样的方式跟你沟通时，你感受到的是不是一种尊重，甚至会感激对方真心地为自己提供参考意见？用你喜欢的方式去对待别人，这一点在任何时候都是通用的。尤其是在观点产生分歧时，"YES，BUT"定律有它的圆融周到之处，不仅能让彼此在融洽的氛围中沟通，同时也是一种以退为进的博弈策略。

25 | 碰到说话尖酸刻薄的人，只能忍着吗?

——借力使力，用对方说的话反驳他

冯梦龙在《古今谭概》中讲过这样一个故事：

一个出身大户人家的青年，屡屡参加科考都名落孙山，家族里的人都看不起他。他心里很憋屈，觉得自己就是缺少一个被伯乐相助的机会。后来，又发生了一件事，让他内心的挫败感变得更强烈，那就是自己的儿子初次参加科考，就被皇上钦点为状元。

有一天，他跟父亲及亲友们一起吃饭。父亲当着众人的面，数落他落榜的事。他实在忍受不了了，大声地对父亲说："我的父亲是当朝内阁大学士，你的父亲是一个靠打鱼为生的渔民；我的儿子是皇上钦点的状元，你的儿子是每次都名落孙山的书生。你看，你的父亲不如我的父亲，你的儿子也不如我的儿子，这么说来，我比你要好得多，你怎么还骂我呢？"

父亲听后，先是一愣，而后笑了起来。自那以后，父亲再也没有奚落过他。

故事里的书生遇到的尴尬情境，对现实中的我们来说并不陌生。无论是工作还是生活，难免会遇见一些粗俗无礼、说话尖酸刻薄的人，碍于身份和面子，直接顶撞不太合时宜，又会伤及面子和关系。面对这样的状况，用借力使力的方法进行博弈是最恰当的。

所谓“借力使力”，就是把他人的言论或论调变成攻击对方的有力武器，通常是在贬低对方的时候暗中称赞对方，在称赞对方的时候贬低回击对方，让对方哑口无言。要使用这一策略，需要说话者先站在对方的立场上思考，充分了解对方的心思。人的内心防线就像一个盾，而他们自己说的话就可能成为攻破防线的矛。

很多人不懂这一点，以为与人争辩必须态度强硬、用词激烈，才能占据上风。殊不知，这样会激起对方的反抗心理。真正智慧的做法是，保持清醒的头脑，找出对方言语中的漏洞，用他自己的话来反驳他，让对方无话可说。

赵小姐是公司采购部的负责人，不久前刚刚从某公司采购回一批产品，但在

使用过程中发现，产品经常出现各种故障。她拿了一些不合格的样品到对方公司，提出退货，可对方说："我们的产品经过重重把关，质量肯定是没问题的。"

这分明是狡辩之词，赵小姐心里也清楚，但她没有直接反驳对方，而是顺着对方的话说："您说得对，我们就是冲着你们对产品质量的严格把关才选择贵公司的产品。"

对方说："就是，我们公司产品都是合格的，在操作中只要按照产品说明书认真操作，肯定不会有问题。"

赵小姐笑笑，说："可我们在使用过程中，您家的产品屡屡出现故障。我们的操作方法就是严格按照你们的产品说明书的指示做的。既然您说只要按照说明书的指示做就不会有问题，那我们在使用过程中的那些故障，您要怎么解释呢？"

听过赵小姐的话，对方摇头笑了笑，也不争辩了，痛快地带着赵小姐办理了退货的手续。

赵小姐没有说一句反驳对方的话，而是用对方自己的话驳倒他。毕竟，这些话是"你"说的，而不是"我"凭空捏造的，你若跟"我"争辩的话，就等于是自己否定自己。

由此可见，利用对方的心理来说服对方，就是在不同的情境下去揣摩对方的心理动态，找出对方的漏洞，继而瓦解对方的心理防线，巧妙地说服对方。若是用自己的矛去戳对方的盾，往往会导致激烈的争论，闹得不欢而散，甚至是两败俱伤。可若是换一种方式，用对方的矛去戳对方的盾，事情就变得容易多了。

26 | 为什么商家总喜欢强调“快断货”了?

——巧妙“威胁”，把对方的利益牵扯进来

希尔顿饭店如今闻名世界，可在它刚刚创建的时候也是举步维艰，一度陷入资金匮乏的境地。特别是在修建达拉斯的希尔顿饭店时，创始人希尔顿做了一个预算，仅仅饭店建筑费一项就得花费100万美元。

为了解决巨大的资金缺口，希尔顿想了不少办法，可又逐一否决了。最后，希尔顿灵机一动，想出一个点子：卖地皮给他的房地产商杜德！

希尔顿找到杜德，对他说：“如果我的房子停工待料，附近的地皮价格一定会大幅下跌。如果我再宣传一下，说饭店停工是因为位置不好而另选新址，那你的地皮可就卖不了好价钱了。”

听了希尔顿的话，杜德一点办法也没有，他很清楚希尔顿饭店对他的意义，就接受了希尔顿提出的条件。

在这一场博弈中，希尔顿原本是被动方，面临着进退维谷的两难困境。然而，他很聪明，巧妙地运用了“威胁”策略，把杜德的利益牵扯进来。杜德本来不太想帮这个忙，可由于担心自己的利益受损，只好答应。

这一策略在现实中的运用很广，特别是在商业场合和销售过程中。所谓的“威胁”，并不是真的去威胁对方，而是通过合理而巧妙的暗示，让对方感觉如果不答应的话，未来真有可能发生对自己不利的情况，从而选择接受。

T小姐是某保健器材公司的业务代表，她在一位老客户的介绍下，认识了一家房地产公司的经理赵总。在拜访赵总之前，T就已经听说，只要是对方认准了的产品，就不会在价格上斤斤计较。

某个周末，T和赵总见面了。一番寒暄之后，T向赵总介绍了公司新推出的一款保健器材的功能和特点。赵总很直爽，说：“目前，我还没有这方面的需要，如果有需要的话，我一定会跟你联系的。”

T明白，赵总是在对自己下逐客令了。可她并不介意，接着说：“听说，您的父亲马上要过七十大寿了，人生七十古来稀啊！”就这么一句家常话，打

开了赵总的话匣子："我父亲保养得还算不错，但毕竟年龄大了，身体一天不如一天，时常会出现一些小毛病。"

T说："其实，老年人的身体多少都会有点问题，光靠吃药没有用，关键还是要做一些有益的活动。"赵总一脸严肃，说："以前，我父母也会参加一些活动，可最近总说很累，懒得出门。"

"我们公司的产品，刚好能帮您解决这个难题……"T顺着赵总的话茬，介绍了使用这种保健器材的一系列好处。这时，赵总已经有点动心，T便趁热打铁："您父亲马上要过七十大寿了，送点有意义的礼物挺合适的。这种保健器材既能表达孝心，也对老人身体有益。不瞒您说，我们库存现在就剩下两台了，现在要是不买的话，恐怕就得等下一批货了，具体时间还没有定。"

赵总听后，觉得有道理，就说："那就给我定一台吧！买点实用的东西也好。"

在运用"威胁"策略的时候，一定要跟正面说服的方法结合起来。不然的话，就会让对方感到不安，或是导致不愉快的场面出现。毕竟，没有人愿意被威胁。

我们这里强调的是，使用此种策略时，应该让对方感受到，如果此刻不下定决心，不做出调整，很有可能会失去某些利益，从反面去触动他，而非直白地讲述自己的观点和建议有多好。

总而言之，记住一句话："威胁"不是真正的目的，只是增强说服效力的一种手段！

27 | 说服他人的时候，为何只讲道理行不通？

——重视情感，怎么说比说什么更重要

很多人在说服他人时，习惯用冰冷尖刻的语言，以为这样更有力量。事实上，要说服他人，强词夺理是行不通的，这样做只会激怒对方，让事情朝着更加糟糕的方向发展。在博弈的过程中，唯有用真情实感去打动对方，才有可能得到想要的结果。

有句话说得好："不看你说什么，只看你怎么说。"同一个意思，不同的人有不同的说法，不同的说法有不同的结果。与人交往时，无论遇到什么情况，都应该用"诚"与"情"两个字去对待别人，如果语言太过直接，往往会伤害到他人的自尊。

那么，到底要怎么做才好呢？在这里，强调一下运用真情实感打动他人的技巧。

首先，你要以情动人，不必讲过多的大道理。著名宣传理论家埃柳利说："单靠理性论据去说服别人，不仅太麻烦，还不一定奏效。你应当发挥情感的效用，它的影响更加直接，这个过程中，不一定非要有合理的论据。在这种情况下，动之以情就够了，不需要所谓的晓之以理。”

南北战争的时候，由罗伯特·李将军率领南部邦联军队作战。有一次，他在南部邦联总统杰佛生·戴维斯跟前，赞美了他属下的一位军官。在场的另一位军官非常惊讶，因为他知道，李将军刚刚赞赏的那个人，是他的死敌。李将军是这样解释的：“没错。不过，总统问的是我对他的看法，不是他对我的看法。”

背后赞美别人，效用往往出其不意。很快，李将军的话就传到了那位军官的耳朵里，他对李将军改观了，甚至还萌生了一种好感。结果，李将军赢得了这位军官的信服和支持。

人是有感情的高级动物，真正铁石心肠的人并不多见。在与人交谈中，想

要劝说别人接受自己的观点，或者寻求对方的帮助时，要懂得付出真诚，以诚感人，以情动人，这样做的话，能够大大增加成功的概率。

其次，你要以情服人，引发对方的共鸣。所谓动之以情，就是要直接激起人的情感反应，拨动对方的情感之弦，引发情感上的共鸣。一般来说，人类本身都有一些心理积淀，只要在适当的时候触动这些心理积淀，唤醒对方原有的心理感应，就可以引发共鸣。

美国经济大萧条时期，一位女孩费了好大的劲才找到一份工作，在高级珠宝店做售货员。圣诞节的前一天，店里来了一位顾客，看上去他并不太富有，25岁左右，身穿一身破旧的衣裳，满脸的阴郁。他死死地盯着那些高档首饰，有一种可望不可得的意味。

有人给女孩打了一个电话，她因为着急，不小心碰翻了一个碟子，六枚精美绝伦的金戒指掉在了地上。女孩赶紧蹲下来捡，可她只找到了其中的五枚，第六枚不知所综了。这时，她留意到那个年轻人，他正朝着门口的方向走去。瞬间，她就知道了怎么回事。

男子刚要走出门时，女孩拦住了他，轻轻地说道："对不起，先生。"男子转过身来，看着女孩。他们谁也没有说话，对视了大概有一分钟。

男子看起来有点紧张，脸上的表情很僵硬，他问："有什么事？"女孩一时间呆住了，竟然不知道该说些什么，怎么开口。男子又问："你到底有什么事？"

女孩突然间显得很伤感，她说："先生，这是我的第一份工作，现在经济危机，能有一份工作真的很不容易，你说是不是？"男子看着女孩，片刻之后，脸上浮现出一丝微笑。他点点头，说："的确如此。不过我敢打赌，你会在这里做得很好。"

女孩问："我能够和您握手，为您祝福吗？"男子迟疑了一下，然后走向前，把手伸给女孩。而后，她看着男子走出了门口。她转身走向柜台，手里握着第六枚戒指。

男子偷走了戒指，最后却心甘情愿地交给女孩，全在于女孩尊重和理解他，提起"找一份工作很难"，引发对方的情感共鸣。

看到了吗？真正的博弈高手，在说服别人的过程中，都很重视情感，那些缺乏感情的、冰冷的话，往往都不能打动对方。所以，在说服他人的时候，记得给你的语言加上一点感情，让它发挥出鼓动、激情和引导的效用。

28 | 为什么警察经常在深夜审讯嫌疑人？

——人在疲惫状态下，更容易被说服

不少电话销售高手，都喜欢在下午五点钟左右打电话，此时的电话效果最好；专卖店里上午的生意很冷清，下午的销售额却往往要好得多；酒桌上谈生意，成功的概率往往更大……这些经常发生在我们身边的现象，其实隐藏着一个重要的心理规律。

美国心理学家丹尼尔·吉尔伯特在一项研究中发现：人在疲惫的时候，更容易被他人说服和欺骗，即使听到假话也会信以为真。但如果打起精神来稍微分辨，就会知道事情的真伪。对于重要的信息，当人们感觉可信度不高时，就会充分利用原有的认知来质疑它的真实性。可在疲惫的状况下，人的认识能力会下降，从而轻信这些消息。

在博弈的过程中，不少人就敏锐地抓住了这一普遍规律，采用疲劳战术。

希特勒是一个演讲高手，他认为傍晚是最适合演讲的时候，因为这段时间听众的情绪比较浮躁，警惕心没那么高，容易接受他人的意见。

现在，从心理学的角度上看，这个判断是正确的。

大家都知道，充足的睡眠能让人保持清醒的头脑。当人们经过充分的休息后，注意力会更加集中，警觉性也会更高，在表达方面也更有条理。可在疲惫的状态下，情况就不一样了，整个人会觉得脑子蒙蒙的，做事也容易分心，辨别能力降低。

有些国家的执法人员运用这个原理，对囚犯进行睡眠剥夺，即选择在囚犯疲惫和困顿的时候进行审讯。一位囚犯在谈到被人洗脑时说："我觉得完了，感觉非常累，不受控制，两分钟之前说过的话，转眼就记不清了。什么也记不清了，在那样的情况下，审判员就是主人，他说什么就是什么。"

在商务谈判中，有时会遇到锋芒毕露、咄咄逼人的对手。他们以各种方式表现出居高临下、先声夺人的姿态，对于这类谈判者，疲劳战术就是一个有效的策略。此战术的目的在于，通过多回合的拉锯战，让对方就某一个问题或某几个问题反复进行陈述，从心理和生理上让其感觉疲劳生厌，逐渐磨去其锐

气。同时，也能扭转己方在谈判中的不利地位。待对手筋疲力尽、头晕脑涨之时，己方便可以转守为攻，促使对方接受己方的条件。

中东的企业家们经常会用到这一策略。他们在白天天气酷热的时候，邀请欧洲的代表们去观光，晚上招待他们欣赏歌舞表演。经过充分的休整，到了深夜，白天不见踪影的中东代表团的领队出现了，神采奕奕地跟欧洲代表们展开谈判。欧洲代表们经过一天的奔波，早就疲惫不堪了，只想着早点休息。谈判的结果可想而知，欧洲代表经常会做出让步。

心理学研究表明，人的心理特质有很大差异，在气质、性格方面几乎人人都不一样，这也使得每个人的行为都有其独特的一面。通常来说，性格急躁、喜欢挑战的人，往往缺乏耐受力。一旦他们的气势被遏制住，自信心就会丧失，很快败下阵来。遏制其气势最好的办法，就是采用疲劳战术，攻其弱点，避其锋芒，在回避和周旋中消磨他的锐气，做到以柔克刚。

在利用疲劳战术时，最忌讳的一点就是硬碰硬，这样的话很容易激起双方的对立情绪。更何况，硬是对方的长处，只有以柔克刚、以软制硬，才会有效果。如果确信谈判对手比己方更着急达成协议，那么疲劳战术就是一个绝佳的选择。

在日常工作中，我们也不妨巧妙地运用疲劳战术。

假如你是一名经销商，得知某公司正在为产品寻找经销商，那你不妨选择在他们缺乏适当的休息时主动出击。此时，估计他们听到任何一个经销商说：“我们的销售体系是全国最好的。”他可能想都不想，就会接受对方的一面之词。这都是因为，在疲惫的状况下，人们对事实的理性判断力会减弱，即便是蹩脚的谎话，人们也很容易信以为真。

假如你是一名业务员，想去拜访一位日理万机的企业负责人。早晨通常都是对方最忙的时候，也是头脑比较清醒的时候，这个时候他基本上无暇接待你，听你介绍产品或业务。待对方工作了一天，已经有些倦怠的时候，说服对方做一些决定，往往会更容易被接受。

说服一个人的实质，就是让其改变原有态度接受新的观点。说服的过程，是让对方意志力屈服的过程。人的意志力是有限的，做每件事都会消耗，消耗得太多了就不足以抵抗接下来的“诱惑”了。这就好像，饥饿的时候，我们很难抵制美食的诱惑。想在博弈中胜出，充分积攒实力是必需的，但也要懂得“天时地利人和”，选对时机做该做的事，才能事半功倍。

29 | 此时无声胜有声，到底是不是真的？

——沉默效应，会让对方感受到压力

某公司年会的晚宴上，众多成功俊朗的男士与身着华丽服饰的女士出席。一位身着简单黑裙、挽着韩式发髻的优雅女人，在一个安静的角落坐了下来。她身上没有一件奢侈品，除了那一对珍珠耳钉，再无任何名贵的首饰。可即便如此，她若伫立在人群中，依然是一颗闪亮的宝石。

衣着华贵的S女和H女朝着她径直走了过来，坐在她旁边的位置上。她友好地示以微笑，却没有刻意寒暄。S女一如既往地炫耀着，说着她的高档礼服，说着她的蜜月旅行，说着她的国外采购。H女故作羡慕，内心却掩盖不住地想要表现自己，说起男友要换车，说起她唯一钟爱的爱马仕。争论得不相上下时，两个人开始寻找台阶来圆场，她们转身把目光转向了那个安静的女人。

S女的关心显得太虚伪，说她该买件像样的晚礼服，她身上的黑裙款式看上去有点旧，与她的气质并不相符。她沉默着，微笑着，不解释。H女接过女伴的话，说她如果搭配一条项链会更好，一边说一边摸着自己颈上闪闪发亮的吊坠。她默不作声，脸上依然保持着微笑。

此时，宴会上最出彩的那位男士朝着她们走了过来。S女和H女相视一笑，故作优雅之态，与之打招呼。谁知，那位男士却把手伸向了那个衣着简单的女人："我能请你跳个舞吗？"她微笑着把手伸向他，说道："当然。"走向舞池之前，她回头向S女和H女一笑："不好意思，我先失陪了。" 接着，她便成了会场里最耀眼的精灵，S和H却在场下气得直跺脚。

在受到嘲讽和挤对时，多数人都按捺不住心中的怒火，针尖对麦芒似的跟对方对峙。可如果真的那么做了，就会发现任何语言都是苍白的，只会越说越觉得虚弱。就像刚刚提到的那位女士，她能博得优秀男士的认可和欣赏，不仅

仅是因为外表的美丽，更是那一份能在受到夹击时淡定不惊的气度。这份气度不是用言语传递出来的，而是用无声的沉默。

作家史铁生说过：“沉默常常是必要的，沉默可以通向有声有形的语言所不能到达的地方。”一个强势的人，不是用喋喋不休、针锋相对的话来表现他的力量，而是把力量藏在沉默中，这正是心理学中的“沉默效应”，即在与对方对抗时，用沉默让对方感受到压力。

有位学者应邀到某大学演讲，走进会场时，他发现整个礼堂吵闹不止，就像在开联欢会一样。一位老师站在讲台上用麦克风维持秩序，但学生们根本不理会。这时，学者对那位老师说：“没关系，让我来吧！”只见，学者一个人默默地站在讲台上，看着那些学生打闹，一句话也不说。没想到，学生们很快就自觉地安静下来，整个礼堂鸦雀无声。

瞧，这就是沉默效应。声嘶力竭地去维持秩序，反倒令人不屑一顾，一反常态的沉默，倒会在心理上震慑住对方。在有些情况下，运用沉默效应是很必要的，前提是必须把沉默和冷漠区分开，不能盲目地乱用。那么，在什么情况下应当保持沉默呢?

情绪不好的时候可保持沉默。人在情绪不佳时最容易冲动，此时无论说话还是办事都很难达到良好的效果。遇到此类情形，最好先沉默数秒，让情绪平复下来。

碰到不能独自决断的事可保持沉默。不了解情况就慌忙地答应对方，往往会把自己推入一个尴尬的境地。在这样的状况下，保持沉默就是一种无声的拒绝。

面对无谓的评价时可保持沉默。一位著名的女主持人，说话的时候声音细细的，每次想表达自己的观点，也总是不慌不忙地娓娓道来，然后露出一抹微笑。曾经，有人批评她的主持风格太过温情，太过小心翼翼，没有尖锐和硬朗的一面。

对于这样的评价，她不愠不火地解释道："在语言上压住嘉宾，不是什么难题，但不是我的风格。有理不在声高，不露声色地把自己想表达的东西说清楚，反而更有说服力。我一直喜欢'润物细无声'的境界，轻松而温和，把我相信的、想说的话告诉别人。"事实证明，言语上没有丝毫的傲慢、卖弄和张扬，一样可以掌握主动权。

君子敏于行，慎于言。在某些场合里，无声的对抗远远胜过声嘶力竭的怒吼。该沉默的时候，用沉默回应对方，既能避免祸从口出的尴尬，也给对方一个震慑，让他摸不清你的思路，这样你就会成为博弈中的胜者。

30 | 尼克松与杜卡斯基，竞选总统输在了哪儿？

——以貌取人是人类无法改变的天性

心理学家认为，每个人都有呵护美、向往美、追求美的心理。这种心理引导着人们积极地爱美、扮美、学美。现实中的人们总是对美的事物或人产生好感，因此出现“以貌取人”的情况也就不难理解了。所以，看到面容凛然的男性，我们会想当然地认为他很有能力；看到温柔知性的女子，又会觉得她有一颗纯善包容的心。

在心理博弈中，形象是一个不可小觑的东西。普林斯顿大学的亚历山大·托多罗夫博士在美国参议院选举之际（2000年、2002年、2004年，共计三次），就两名候选人的外貌进行了调查。他让被试者通过观看候选人的照片，选出“看上去有能力”的一个。结果现实，仅仅通过“一张看起来很有能力的脸”，他就以68.8%的高准确率成功预测出了当选者。

其实，在未进行这个实验之前，现实中早已经演绎过这个事实。

1960年，尼克松与肯尼迪争夺总统之位，尼克松输了。

1980年，杜卡斯基和里根之争，杜卡斯基输了。

尼克松和杜卡斯基到底输在了哪儿？

里根是演员出身，他高大英俊，无论是服装打扮，还是音容笑貌，以及他做出的每一个手势，都展现着与众不同的魅力，具有无与伦比的感召力。虽然他在其他方面也有不足，但人们可以忽略不计。而杜卡斯基呢？不管是看外表还是听声音，不管是在台上演讲还是在台下表演，他显得“不像个领袖”，所以人们没有把更多的票投给他。

肯尼迪和尼克松的对决，肯尼迪自然占据了优势。肯尼迪年轻英俊，风流倜傥，给人一种坚定、沉着和自信的感觉，他周身散发出领袖的魅力，虽然他没有直接说什么，但人们似乎已经从他身上看到了希望，那就是他不仅可以主宰美国政坛，还可以掌控整个世界的局面。

当他提出“不要问国家能为你做什么，问问你能为国家做什么”这一口号时，一时间美国这个以“自我”为中心的国度沸腾了，他的责任感感动了每一位美国人，激起了一股爱国潮。他满足了美国人梦中理想的领袖形象，还树立了领袖形象新的、最高的标准。几十年之后，他的形象依然令人难忘。

看到这儿，你的眼前一定也浮现出了里根和肯尼迪的形象。没错，这就是形象的威力。你看到他们，就会被他们的音容笑貌所感染，甚至他们一句话也没说，只是站在那里，你依然会觉得注定了他就该是一位领袖。当然，每一位参与总统竞选的人，都有一定的学识，但我们这里要说的却是形象，只谈形象在心理博弈中的作用。

皮克·菲尔在《气场》一书中曾提到过，想要成为交际明星，博得他人的好感，就必须在重要场合将自己的气场调节到最佳状态。怎么样才能够做到这一点呢？皮克·菲尔说：“不管是出席会议，还是参加普通交际活动、酒会、商务会谈，都要将自己认真地收拾一番，换一身最合适的衣服，以最贴切的形象出场，这是我们都必须做的功课。”

英国第一位女首相撒切尔夫人，对别人的衣着毫不介意，唯独对自己的衣着要求十分苛刻。无论是服饰搭配还是化妆，她都极其讲究。看到撒切尔夫人，你感受不到珠光宝气和雍容华贵，却能够被另一种魅力所吸引，那就是整洁、淡雅和朴素。

从少女时代开始，撒切尔夫人就十分注重自己的衣着，要求干净整洁、朴素大方，但她从没有穿过标新立异的衣服，哗众取宠。大学期间，她在本迪尼斯公司做兼职。当时，她的衣着很老成，公司里的人将她称之为“玛格丽特大婶”。每个星期五下午，她去参加政治活动时，都会戴上一顶老式小帽，身穿黑色礼服，脚蹬老式皮鞋，腋下夹着一只手提包，显得持重老练。

有人笑话她打扮得过于深沉老气，但她有着自己独到的见解：这样的打扮能在政治活动中取得别人的信任，建立起威信。她的衣服从不打皱，让人觉得井井有条是她一贯的作风，而这也的确彰显出了一位政治领导人的气场。

人们习惯将服装与人、社会地位、身份、权威、文化品位等联系在一起。西方有句谚语说：“你就是你所穿的。”这听起来完全就是以貌取人，可这也许是人类无法改变的天性。如果你渴望得到他人的关注，渴望让自己变成一个气场强大的人，那么从现在开始，你就必须注意自己的形象了。

31 | 没成功之前，为何也要扮演出胜利者的姿态？

——看起来有能力的人，更容易获得援助

金庸的小说《射雕英雄传》中有这样一个情节：

华山论剑之前，裘千仞被瑛姑等人围攻，被指责滥杀无辜，而裘千仞则反驳说，谁手上没有沾过别人的血？结果众皆默然，唯有洪七公正气凛然地出现，坦然地说自己杀的这么多人都是死有余辜的。裘千仞听后，无话可说。

真正的高手对决，玩的是心理战，比的是气场。

当年，孟子见到梁襄王后，说道："望之不似人君，就之而不见所畏焉。"意思是说："远远望上去就不像一个国君的样子，走近了看，也没有什么使人敬畏的地方。"一国之君却"不似人君"，倒不是孟子轻率地以貌取人，而是梁襄王的气场不够，缺乏一股浩然之气。

孟子的弟子公孙丑曾问曰："老师的长处是什么？"

孟子答："吾善养吾浩然之气。"

何谓浩然之气？用孟子的话解释大致如此：那是一种最伟大、最刚强的气。

气场，可以展现出个人品性与行事风格。在日常的心理博弈中，想要笑到最后，也必须克服内心的虚弱，始终保持一副胜利者的气场。换句话说，即便在没有成为名副其实的胜利者之前，也得拿出一副“我就是胜利者”的气势来。大家都听过吸引力法则，秉持这种姿态正是引导一个人成为真正的胜利者的心理法则。

握手是一件很简单、很平常的事，但通过这一细节，也能感受到一个人的气场。当你和一个人握手时，你感受到的是对方强而有力的手，你会对他产生什么样的印象？如果对方在握手时软弱无力，你又会有什么样的感觉？

阿拉巴马大学的威廉姆·卓别林博士做过一个实验，他让4名志愿者作为判定人员，分别和112名大学生进行两次握手，然后询问他们对握过手的大学生有何印象？结果，对那些握手强而有力的大学生，判定者们给出了“善于交际、外向、开朗”等积极的评价；而对那些握手软弱无力的大学生，则给予了“内向、略显神经质、不够坦诚”等消极的评价。

由此可见，通过握手的力度，人们会对其性格进行推断。这也提醒我们：如果自身处在弱势的位置，与人握手时，一定要记得用点力。无论结果怎样，至少在姿态上不能先败下阵来。强而有力的握手，会让对方感受到一股强大的气场，塑造出一个强大的、值得信赖的形象。

荷兰格罗宁根大学的班德比特博士，曾经把96名学生分成四人小组进行过课题研究。这个项目进行了一年左右，在此期间，班德比特博士对各组员之间的交际往来进行了观察。结果显示：越是优秀的学生，越容易获得其他成员的协助；而那些表现不太好的学生，很少能够得到他人的帮助。事实上，后者才是真正需要帮助的，那为什么大家会把他们排除在外，有意无意地忽略他们的存在呢？

趋利是人的一种本能，当一个人去扮演援助者的角色时，内心多半都有自己的算盘，比如“以后有什么困难，说不定他能帮到我”“这样做的话，让他感觉欠我一个人情”，等等。然而，面对一个无法指望他能有所回报的人，帮助他就等于是在义务付出。倘若对方主动请求帮助，我们可能会给予援助，但

那终究不是发自内心的。

“帮人图回报”是一种普遍的心理。如果我们渴望得到他人的帮助和支持，就得先以一副胜利者的姿态出场，让人知道你很优秀、你有潜力，帮助你对他们来说是有益的。事实上，一旦你获得了外界的各种帮助，提升实力、获得成功也就变得容易多了。可以说，这是一个积极的、正向的循环。

在获得实质性的胜利之前，先努力扮演好“胜利者”的角色，这有助于提升自己的形象，对日后的合作提供积极的助力！当然，要做到这一点，还需内外兼修！一个人相信自己能够成功，才能够展示出一种奋进和不凡的气场，若是先把自己定位为一个平庸者，最后也就只能是个平庸的人。成功与失败，就在于脑子里的想法，在于积极还是消极的信念，谁占据上风，谁就起了决定性的作用。

32 | 流露出自己的弱势，会不会遭人碾压？

——强者弱者不在于一时，认清局面最重要

想赢得他人的肯定，给人一种值得信赖的感觉，少不了要在人前“示强”，就是从内至外把自己打造成胜利者的模样。然而，博弈也不能一味地示强，在必要的时候，还得懂得示弱。

细读过《庄子》的朋友，一定还记得里面讲到过一个“意怠”哲学。“意怠”是一种很会鼓动翅膀的鸟，除此之外，再没什么出众的地方。别的鸟飞时，它也跟着飞；傍晚归巢时，它也跟着归巢。队伍前进时，它从来不争先；队伍后退时，它从来不落后。“意怠”吃东西不抢食、不掉队，因而也很少受到威胁。

看到“意怠”的生存策略，你想到了什么？也许，你会觉得这种生存方式过于保守和迂腐，但从另外一个角度来说，在布满陷阱和危险的生活中，这也不失为最安全、最实用的生存哲学。许多时候，柔能克刚，弱能胜强。示弱并不是懦弱，而是一种心理策略。

博弈的精髓，从来都不是看一时的强弱，而是在任何时候都能认清局面，让自己处于最有利的位置。无论你本身是强者还是弱者，都可以在适当或必要的时候选择示弱。

英格丽·褒曼在获得两届奥斯卡最佳女主角奖后，又因在《东方快车谋杀案》中的出色演技获得最佳女配角奖。殊荣满身的她走上领奖台后，没有说一连串流俗的获奖感言，而是选择称赞与她角逐最佳女配角的弗仑汀娜·克蒂斯，认为真正获奖的应该是这位落选者，并由衷地说："原谅我，弗仑汀娜，我事先并没有打算获奖。"

在荣光闪耀的领奖台上，不去谈自己的成就与辉煌，而是把自己"拉低"，推崇并维护自己的竞争者。想必，任谁是这位竞争者，都会对褒曼表示感激，认定她是一个知心的朋友。对演员来说，能获奖是对自身能力最大的肯

定，在这场现实的博弈中，她无疑是一个强大的赢家。在获奖之后，她还有更远的路要走，需要更多人的支持，在如何赢得人心（包括竞争者）的心理博弈中，她再次做了一回赢家。

一位朋友在下班高峰时段开车回家，突然感觉很不舒服，就降低了车速。后方的车开始不停地按喇叭，司机显得有些焦急，甚至摇下车窗冲他大吼。他本来想攒足了力气去理论，可身体状况不允许他这么做。于是，他把车停下来，打开双闪，摇下车窗，对已经驾驶到身边的司机微弱地道歉："我的身体出了点问题，开车的时候已经尽力了，但还是不行。"

那位司机听后，立刻打手势并大声告诉后面的司机发生了什么事情。喧闹的路面静了下来，吵骂声和刺耳的喇叭声都没有了，所有的车都安静地等待着，因为他们获悉前方车辆的驾驶员身体不适。后面的一些司机，还特意下车给他送水，问他需要什么药，是否要去医院。

人都有两面性，我们习惯把柔弱的一面藏起来，向外界展示强硬的一面。其实，适当地流露自己的弱势并非懦弱，而是一种坦诚。当你选择了退一步，另一方也会停止发难。这就像拳击比赛一样，不管比赛有多激烈，一旦一方示意，另一方都不会再出手。

说了这么多，无非是想阐明一个事实：在社会中生存，如果碰到一个有实力的强者，而且他的实力明显高过于你，那么你不必为了面子而与其争强。如果非要硬碰硬，你有可能摧折对方，但也有可能毁了自己。这时候，最好的解决办法是暂时妥协，主动示弱，以化解对方的戒心。有意地暴露某些方面的弱点，也不失为一种有益的处世之道。

33 | 狭路相逢的时候，勇者一定会胜出吗?

——变不利为有利，弱者也可凭技胜出

自然界是一个巨大的博弈场，各种动物想要生存，都必须与天敌们进行博弈。对弱势的动物群体来说，面对强大凶猛的天敌时，硬碰硬是绝对不可能的，但这不代表处于弱势地位就一定会输，它们都有能让自己绝处逢生的策略。

负鼠在动物世界里的名声并不好，别人总称它为“骗子”，因为负鼠会“装死术”，它用这个办法“骗”过许多动物。一天，负鼠遭到了狮子的追击。眼看狮子就要抓住了负鼠，可这时候意外出现了，负鼠突然间倒在地上，脸色变淡，嘴巴张开，并伸出石头；再看它的两只眼睛，紧紧地闭着，长尾巴一直卷在上下颌之间，肚皮鼓得很高，呼吸和心跳也终止了。负鼠的身体不停地剧烈抖动，表情看上去非常痛苦。

狮子虽然凶猛，可眼前的景象还是把它吓傻了。狮子不知道负鼠为何会突然间“死亡”，它通常不敢贸然接近刚刚死去的猎物，总担心有埋伏。负鼠的“死”很突然，它更是心生疑惑。狮子看着负鼠，想看看到底是怎么了?

“装死”的负鼠看到狮子久久未曾离去，便使出了第二招。负鼠从肛门旁边的臭腺中排出了一种恶臭的黄色液体。狮子很快就闻到了这种让它反胃的气味，它用前爪动了动负鼠的身体，负鼠纹丝不动。它确定，负鼠是真的“死”了，而且尸体已经开始腐烂了。狮子喜欢吃新鲜的肉，眼前的负鼠臭烘烘的，它觉得扫兴，于是便丧气地走了。

过了几分钟，负鼠确定狮子已经走远，它便恢复正常。负鼠躺在地上巡察四周，见没什么危险了，便立即爬了起来。好不容易拣回了一条命，它赶紧逃走了。

或许有人觉得，用装死的手段逃生是一种懦弱之举。然而，当你真的面临“死亡”的时候，如果不能够领悟“装死”是一种武器的话，那才是真正的愚昧。在生命与“骗子”的称号之间，相信任何一个聪明的人都会选择后者，正所谓：留得青山在，不怕没柴烧。

王羲之是著名的书法家，他在年少的时候就已经有过人的才智了。王羲之的伯父王敦是当时的东晋大将军，他非常喜欢自己这个聪明机灵的侄子，经常让他睡在自己的军帐里。

有一次，王敦与几个侄子喝酒，王羲之毕竟是小孩子，不多时就喝醉了。王敦将他留在军帐中休息，并让他睡到自己的床上。没过多久，就听到有侍从禀报“钱大人到”，王敦连忙请钱凤进了自己的军帐。钱凤也是东晋的大将军，与王敦关系甚好。两人寒暄一番过后，便遣散了所有的侍从，开始低声密语。两人交谈得非常投机，不知不觉中声音就大了起来。这时候，王敦完全忘记了在军帐之中睡觉的侄子王羲之。

王羲之睡得迷迷糊糊中，听到有人在交谈。出于孩子的好奇心理，王羲之对外面的谈话颇有兴趣，于是侧耳细听。可当他听到伯父与钱凤的谈话内容后，大吃一惊。原来，伯父他们在密谋叛乱的事情。王羲之年龄虽小，但他也知道：如果叛乱的事情让不相干的人知道了，定是死路一条。王羲之担心自己偷听的事情被发现，性命不保，于是他想出了一条脱身的妙计。他故意大吐一通，让衣服和被褥上沾满令人恶心的呕吐物，还故意在自己的脸上涂满了酒食，然后故作睡得很香的样子。

突然，在外面密谋的王敦想到了睡在军帐中的王羲之，大惊失色地对钱凤说：“不好！侄儿还在军帐里睡觉，我们刚刚说的话，若被他听到怎么办？”钱凤听后，两眼射出凶光，对王敦说：“无毒不丈夫！想要成大事，就要敢作敢为。”钱凤示意王敦杀掉王羲之。虽然王敦心有不舍，但想到自己心中的大业，便横下了心。

王敦和钱凤一同来到了床前，王敦左手撩起了帐帏，只见王羲之满脸都是呕吐物，睡得很香，而且还打着鼾。王敦放心地对钱凤说："看来这孩子酒醉得厉害，一直都没有醒来。"就这样，王羲之保住了自己的性命。

想在强弱的博弈中胜出，最怕的就是用鸡蛋碰石头，要根据实际的情况调整策略，做出最有利于自己的选择，变不利为有利，这才是生活中的辩证智慧。世事都不是绝对的，"狭路相逢勇者胜"并非唯一真理，在合理范围内采取合理的对策，弱者一样可以凭技能胜出。

34｜竭尽个人力量做一件事，就是用尽全力吗?

——个人力量有限，必要时不妨借力

一个孩子在院子里搬石头，父亲在旁边鼓励他：“孩子，只要你全力以赴，一定能搬得起来。”可惜，石头太重了，孩子最终也没能搬起来。他跟父亲说：“石头太重了，我已经尽全力了。”父亲摇摇头，说：“你没有用尽全力。”孩子不解，父亲笑着说：“我在你旁边，你都没有想过请求我的帮助。”

要做成一件事情，需要尽力，但谁又规定只能用自己的力呢？人际交往中存在着各种各样的竞争，有时看似只是两个人之间的博弈，但这场博弈实则考验的是对周围一切条件和资源的利用。如果你想胜出，那就必须在最短的时间里占据有利的条件和资源。在很多人看来，实现这个目标太难了；但对另一些人来说，却是易如反掌。两者的差别并不在于个人力量的强弱，而是在同等努力的条件下，后者更善于借助外力。

英国的大英图书馆是世界上著名的图书馆，藏书丰富。有一次，图书馆要搬家，也就是说要从旧馆搬到新馆去，结果一算，仅仅搬运费就要几百万，图书馆根本无力支付。怎么办呢？有人给馆长出了一个好主意。

很快，报纸上就刊登了一则消息：从即日开始，每个市民可以免费从大英图书馆借10本书。结果，市民们蜂拥而至，没几天就把图书馆的书借光了。书借出去了，怎么还呢？请读者们到新馆还书。就这样，图书馆借用了市民的力量搬了一次家。

古语云："他山之石，可以攻玉。"一个人的力量是有限的，必要的时候不妨巧妙地借助他人的力量，把他人的优势"嫁接"过来，这样好比如虎添翼，为自己赢得更多的胜算。

美国有一个名叫约翰逊的黑人，曾经创建了一个黑人化妆品公司，当时公司只有500美元资产和3名员工。人们在购买化妆品的时候非常注重产品的声誉，这种情形对于名气不大的黑人化妆品公司很不利。不过，约翰逊不甘心就

这样承认失败，他一直在想办法扭转这一局面。

当时，美国化妆品行业的泰斗是佛雷公司。约翰逊在生产出一种“粉质化妆膏”的产品后，决定借助佛雷公司的名声顺势上楼。于是，约翰逊精心设计了这样一句广告词：“当你用过佛雷公司的产品化妆之后，再擦上一层约翰逊的粉质化妆膏，将会收到意想不到的效果。”这种做法令人感到意外，这不是在给别人做广告吗？可是，约翰逊的创意就在这里。

如果你是一个普通人，而且没有出任何意外，那么人们很少会注意到你。但是，如果你和总统站在一起，人们势必会打听一下你的名字。约翰逊设计的广告播出之后，收到了很大的反响。“粉质化妆膏”很快就为人们所接受，因为它是和佛雷这一令人信赖的品牌一起出现的。可以说，佛雷的名誉就是约翰逊产品的一架梯子，让它直上云霄。

当我们没有能力买鞋子的时候，可以向别人借，这样总比赤脚走路要快得多。当你有丰富的知识，但在资金方面存在不足时，你也可以去借；当你有了充足的资金创业，却没有专业的知识的时候，也别轻易放弃，你没有的东西都可以去“借”，借资金、借技术、借信用、借名气、借人才，等等。杜鹃都可以“借巢孵卵”，保证后代的繁衍，我们当然也可以借梯登楼，站在巨人的肩膀上成名。只要有心，身边总能找到助我们成功的“他山之石”。

35 | 为什么阿凡提能轻松拿走巴依的金锅？

——适当付出小利，更易俘获人心

说起博弈高手，不得不提到一个有趣的人物——阿凡提。虽说这是一个虚构的人物，可他的机智风趣，还是给人带来了不少的快乐和收获。剧中有这样一个情节，阿凡提用智慧帮助贫苦百姓惩治黑心地主巴依，整个过程把趋利法则演绎得淋漓尽致。

有一次，阿凡提找吝啬又贪财的巴依老爷借锅用。巴依老爷很不乐意，可是看到阿凡提愿意以自己的毛驴作为抵押，他还是同意了，只是再三强调，第二天一定要还回来。

阿凡提很守信用，不仅按照约定的时间把锅还了回来，还顺带了一个小锅。巴依老爷很意外，就问："阿凡提，你来还我的锅，为什么还要带一个小锅？"

阿凡提凑到巴依老爷的耳边，小声地说道："巴依老爷，你可不知道啊！昨天你借给我的锅，是一个怀了孕的锅！今天早上我往你家走的时候，它刚刚生下这个小锅，所以我就把这个小锅也带给你了！"

巴依老爷心里嘲笑阿凡提："真是个蠢货，锅怎么可能生小锅呢？"可是，为了得到那个小锅，他还是装模作样地对阿凡提说：“是啊，我都忘记了，昨天我借给你的锅是怀了孕的锅。今后，你想借什么东西就来我这里吧，不用客气。”

自那以后，不管阿凡提管巴依借什么东西，归还的时候都会带一个小的东西。巴依老爷很高兴，心里不断地嘲笑阿凡提傻，却又乐此不疲地享受着获得附加物的快乐。

一个多月后，阿凡提着急忙慌地找到巴依老爷，说：“巴依老爷，我娘生了很重的病，我想借你的那口金锅给我的母亲熬药。”巴依老爷转了转眼睛，心想：“这次可是金锅啊！等他还给我的时候，我不就能拥有两个金锅了吗？哎呀，一定要借给他！”

就这样，巴依老爷把自己祖传的金锅取出来，借给了阿凡提。可是，过了好长时间，阿凡提都没有把金锅还回来，更别提送小金锅了。巴依老爷终于沉不住气了，他亲自去找阿凡提，准备把金锅要回来。

不料，他刚要出门，阿凡提就气喘吁吁地跑到巴依老爷跟前，说："巴依老爷，大事不好了！你借给我的那口金锅，因为难产死掉了！"巴依老爷大惊，瞪着眼睛说："胡说！一个锅怎么会因为难产死掉呢？你分明是在骗人。"

阿凡提大声地回答："巴依老爷，你既然相信锅可以生小孩，为什么不肯相信锅会因为难产死掉呢？"巴依老爷哑口无言，不知道该怎么回应。他不仅因为自己的贪婪失去了祖传的宝贝，还成了大家的笑柄。

在和巴依的博弈中，阿凡提运用了趋利法则，即利用一些小的利益让巴依相信自己。他知道巴依是一个贪婪的人，所以投其所好，每次去的时候都给他一些好处，最后轻松地拿走了他的宝贝，让巴依无话可说。其实，这样的博弈策略，在现实中也有很多的用武之地。

双方在寒冷的冬季商谈公务，一直处于胶着的状态时，其中一方主动为另一方倒了一杯热茶或咖啡，看似是一种关心的举动，实则背后还有另外的意义。当对方喝下热饮后，身心会感到放松，此时他更容易倾向于对方的立场。为此，我们经常会看到，在商谈重要的事宜时，人们都习惯请对方吃饭、喝茶，看似是一个约定俗成的规矩，实则还是趋利法则的应用。因为，当对方戒备心理降低的时候，更容易被说服。

趋利避害是人的一种本能，认识到这一点，在适当的时候付出一些小利益，就能让他人按照自己的思路行事。既如此，我们又何乐不为呢?

36 | 怎样才能让一个人乐意跟你合作?

——摸准对方的心脉，抓住对方的诉求

每个人心里都有一块柔软、脆弱的心脉，想要在博弈中掌控主动权，就必须摸准对方的心脉。这是一种技巧，也是一种艺术，正所谓“知己知彼，百战不殆”。你得知道对方在想什么，才能抓住他的诉求，选择合适的策略，让对方跟着你的思路走。

乔·吉拉德是世界上最伟大的推销员之一，他在推销的过程中，就很善于洞察人心。

有一次，一位顾客找他买车，他给对方推荐了一款最好的车型。顾客对车子比较满意，也准备掏钱买了。可就在成交的一刹那，对方突然改变了主意，离开了车行。这让乔·吉拉德百思不得其解，琢磨了一个下午，也不知道问题出在哪儿?

到了深夜，他辗转反侧、坐立不安，忍不住给那位顾客打了一个电话：“您好，我是乔·吉拉德，今天下午我曾向您推荐过一部新车，眼看您就要买下，可怎么突然走了？”

对方听后，问道："老兄，你知道现在是几点吗？"

"非常抱歉，我知道现在已经很晚了，但是我检讨了一个下午，实在想不出自己错在哪儿了，所以特地给您打电话，希望您能指教。"乔·吉拉德急忙解释说。

听到这里，对方问："真的吗？"

"肺腑之言。"乔·吉拉德回答。

对方还是不太相信："好，那你现在是在用心听我说话吗？"

乔·吉拉德表示："是的，非常用心。"

对方说："可是，今天白天，你根本没有用心听我说话。就在签字之前，我说我儿子要进重点大学读书了，我以他为荣。可你呢？一点反应也没有。"

乔·吉拉德的确不记得对方提过这件事，因为他当时根本没有注意，他以为生意已经谈妥了，没有留意对方说什么，而是在听办公室的另一位同事讲笑话，这是乔·吉拉德失败的原因。顾客想买车，但更想得到他人对自己儿子的称赞。乔·吉拉德忽视了这一点，他只是想当然地以为"已经成交了"。

人际交往和沟通，需要有一定的技巧，但更需要的是"用心"。作为世界数一数二的推销员，乔·吉拉德的销售能力毋庸置疑，可就因为没有抓住顾客的心脉，让即将到手的订单落空了。

美国汽车大王福特说过："假如有什么成功秘诀的话，就是设身处地替别人着想，了解别人的态度和观点。"这样做的话，你不仅能跟对方有效地沟通，还能及时获得对方的谅解，并且更加清楚地了解对方的思想轨迹。瞄准了目标，抓住了心脉，对方才愿意跟你合作。

周末，一位年轻的销售员在商场里为一对中年夫妇介绍液晶电视。两位顾客几乎把店内所有的牌子、所有型号的液晶电视都看过了，可还是没有购买的打算。这时，销售员没有流露出不耐烦的情绪，也没用催促他们赶紧买，而是不愠不火地跟他们聊起了家常。

销售员：“您要买的液晶电视，是准备放家里的客厅吗？”

女顾客：“嗨，家里老人要过来，这电视是给他们买的。”

销售员：“是这样啊！您对老人还挺用心的。您现在犹豫的是什么问题呢？”

男顾客：“我们俩都不怎么喜欢看电视，家里只有一台老式的小电视。儿

子马上就要中考了，我们害怕电视影响孩子。”

销售员一边表示理解，一边也在琢磨，如果继续介绍电视已经不可能促成这笔交易了，必须要换个话题。很快，销售员就问：“大姐，要不这样？您可以先预定上，等一个月之后再来取。那样的话，既不会影响孩子考试，也不耽误老人收看。”

销售员这番话说得很朴实，打动了这对夫妇。他们放下了顾虑，预定了一款液晶电视。

不得不说，这位销售员很会洞察人的心理。她知道，在顾客心里，孩子中考肯定是最重要的，如果此处不理解他们的感受，一味地介绍电视，就显得完全是为了业绩在推销，而没有理解顾客真正的诉求。这位销售员抓住了对方的“心脉”——担心孩子考试受影响，继而提供相应的策略——先预定，过一个月后再取，就帮顾客解决了纠结的难题。

其实，无论对方出现了什么样的思想，表现出什么样的行为，背后一定有他的原因。此时，最要紧的就是找出隐藏的原因，弄清楚他为什么会有那样的言语和举止。接着，问问自己：“如果我是他的话，我会怎么做？”这样的话，能给自己省掉很多时间和烦恼，也能更直接、更顺利地掌控主动权。

37｜有没有一句话，能让固执的人也被软化？

——共情不是人人有，但是人人都需要

戴尔·卡耐基说过：“世界上有一句非常神奇的话，它可以阻止争辩、消除怨恨、营造好感，还能吸引别人。就算是世界上最狡猾、最固执的人，听到这句话也会被软化。这句神奇的话就是：对你的所作所为，我没有丝毫的责怪，如果我是你的话，或许我也会那么做。”

奥尔柯特女士是《小妇人》的作者，卡耐基在一次播音演讲中提到了她。他知道，这位作者是在麻赛其赛斯的康考特长大的，并且在那里完成了她的名作。但因为口误，他不小心说成了“我曾经到纽海姆彼雪的康考特拜访过她的老家”。如果只说了一次“纽海姆彼雪”，还情有可原，可惜他一连说了两次。之后，他收到了很多质问和指责的信函，很多信简直就是侮辱。

一位住在费城的老太太，她也是在麻赛其赛斯的康考特长大的，对于卡耐基的口误，她表现出了极大的愤怒。读到她的那封信时，卡耐基感慨万千地说：“感谢上帝，幸亏没有让我娶到这样的女人。”他本来想给这位太太回一封，告诉她自己虽然说错了地名，可她也用不着表现得这么粗鲁无礼。不过，他还是克制住了自己的情绪，知道要是真的那样做了，就太愚蠢了。

卡耐基不想跟她争执，只是希望让她把仇视变成友善。他告诉自己：“如果我是她的话，可能也会有那样的感觉，说出那样的话。”后来，他去费城的时候，给这位老太太打了一个电话。

卡耐基说：“夫人，几个礼拜以前我收到了您寄来的信，真是感谢。”

电话另一端传出柔和、流利的声音：“很抱歉，您是哪一位？我实在听不出来。”

“我叫戴尔·卡耐基，对您而言，我应该算是一个陌生人。在几个礼拜前，您收听了我在电台的节目，我把《小妇人》作者奥尔柯特女士的出生地说错了，犯了这么愚蠢的错误，实在不应该。为了这件事，我特意向您道歉。同时，还想感谢您花费那么多的时间和精力帮我指正错误。”卡耐基诚恳地说道。

对方说：“实在对不起，卡耐基先生，我在信里向您粗鲁地发脾气，请您原谅。”

卡耐基说：“您不该向我道歉，错的人是我，该道歉的人也是我。我想，一个小学生大概也不会犯那样的错误。我后来已经在电台更正了自己的错误，现在我想亲自向您道歉。”

对方说：“我是在麻赛其赛斯的康考特长大的，两百多年了，我的家庭在那里一直很有声望，我的家乡也是我的骄傲。所以，当我听你说奥尔柯特女士是新罕布什尔州人的时候，我心里很不舒服。可不管如何，我写了那样一封信，实在是很不好意思。”

卡耐基说：“别这样说。像您这样一位有身份、有地位的人，能给电台播音员写信指出错误是很难得的。如果以后我的演讲中再出现什么错误，希望您还能告诉我。”

对方说：“你这么谦虚地接受别人的批评，真的让人很喜欢你。我相信，你在生活中是个不错的人，我想跟你成为朋友。”

当卡耐基试着从对方的角度出发，来阐述整件事情，并对她的言行表示出共情和道歉时，他也得到了对方的共情和歉意，并让对方愿意和他成为朋友，这就是共情在博弈中发挥的效用。

霍洛克是美国第一位音乐会经理人，他对如何应付像邓肯、潘洛弗、嘉利宾等有名的艺术家，有着二十几年的丰富经验。他坦言，要应对那些性格古怪的音乐家，就要对他们可笑、古怪的脾气表示出极大的共情。

霍洛克曾经给世界低音歌王嘉利宾做过三年的经理人，嘉利宾简直就像是

一个被宠坏的孩子，让霍洛克伤透了脑筋。比如，晚上有音乐会的话，嘉利宾总是在当天的中午给霍洛克打电话，说他不舒服，喉咙沙哑，不能登台演出。

听到这样的话后，霍洛克从来不与他争辩。他知道，作为一个艺术家的经理人，这样处理问题是很糟糕的。每逢这时，他总是连忙赶到嘉利宾住的酒店，充满共情地说："我可怜的朋友，真是很不幸，看样子你是没法再唱了。没关系，我马上就去通知他们，取消晚上的节目。虽然这会让你损失两三千块钱的收入，可是跟你的名誉比起来，那都不算什么。"

听到霍洛克这样说，嘉利宾会怀着感触的心情叹息道："沙尔，要不你等会儿再来吧。下午五点钟的时候，看看那时候我的情况怎么样。"到了五点钟，霍洛克再去酒店时，依然坚持要替嘉利宾取消节目。这时，嘉利宾又说："你再晚一点儿过来，可能那时我会好很多。"

到了七点半，这位低音歌王终于答应了登台，只是他提出，要让霍洛克先生在台上跟大家讲，说嘉利宾患了严重的感冒，嗓子不太好。霍洛克当时会假意地答应他，他知道，唯有那样，嘉利宾才会登台。

盖慈博士曾在他的著作《教育心理学》一书中写道："人类普遍地追求共情，孩子们会急切地显示他受伤的地方，有的甚至故意把自己割伤、弄伤，以博取大人们的共情。"

何止是孩子会这样？成人也一样，他们可能会到处向人说他的意外事故，说自己的疾病、自己的苦闷……要知道，自怜是人类的习性。在日后的人际交往中，当你与双方处于对峙或博弈的状态中，想化解彼此间的隔阂，化被动为主动，共情对方是一个不错的切入口。

38 | 人的逆反心理，是不是完全有弊无利?

——刺激逆反心理，可改变对方的某些行为

生活中，我们或多或少都体验或见证过这样的一幕：

妻子说，别抽烟了，看你把房间里弄得乌烟瘴气的。丈夫不服气，抽烟怎么了？不愿意闻，你可以出去，干吗非要限制我？

老师说，上课不许搞小动作，必须认真听讲。学生却不能安分守己，总是想办法找点儿东西来玩，好像故意跟老师作对。

老板说，上班时间禁止聊天，违者罚款。员工心里怨声四起，凭什么呀？把工作做好就行了，何必管我怎么利用时间！你不让我聊，我偏要登录QQ！

有没有发现，人总是喜欢“反着来”！你越是让我做什么，我偏就不做；你越是不让我做什么，我偏要做。就算是两个陌生的人碰见，A让B给自己让路，B若高兴的话就会让，若不高兴就会反驳：“凭什么要我给你让路？这条路是你家的吗？”明明知道这是抬杠的话，但就是要摆出一副不甘示弱的架势。

其实，这是人类共有的一种普遍心理——逆反！所谓逆反心理，就是人们彼此之间为了维护自尊，而对对方的要求采取相反的态度和言行的一种心理状态。人们通过这种与常理背道而驰的行为，显示出自己的“与众不同”，来抗拒和摆脱某种约束，或是满足自己的好奇心和占有欲。

人人都有好奇心，在好奇心的驱使下渴望了解某些事物。当这些事物被禁止时，就容易引起强烈的求知欲。尤其是只做出禁止而又不解释禁止原因的时候，更容易激发人的逆反心理，让人迫不及待地想要了解该事物，形成一种相对的局面。

在博弈之中，巧妙刺激对方的逆反心理，往往能让对方改变某些行为。

苏联心理学家普拉图诺夫在《趣味心理学》一书的前言中，特意提醒读者请不要先阅读第八章第五节的故事。结果，多数读者看到这句“禁止”的话后，都被激发了逆反心理，不仅没有遵守作者的告诫，而是迫不及待地先看了第八章第五节的内容。

事实上，这根本就是作者精心设计的一个“陷阱”，他就是想让读者们关注第八章第五节的内容。可如果他在前言里说，第八章第五节的内容多么精彩，希望大家认真阅读，反而起不了什么作用。

前东京都知事青岛幸男先生在一次选举运动中，也巧妙地运用了这一心理战术。

在争取选民的过程中，他没有举行过游说、到场演说之类的活动，他也不知道何时投票选举，甚至还公开声明：“我并不希望你们投票给我，一点都不希望你们投票给我，我甚至可以拜托各位，我一点也不想当选。”之后，他就迅速出发到外国去了，对选举的事情不管不问。

结果，青岛幸男以最高票数当选，成为这场博弈最大的赢家。

我们不能否认，青岛幸男的当选和他自身的能力有直接关系，但选民的逆反心理也起到了至关重要的作用。人与人之间的交往，其实就是人与人的心理交往。抓住了对方的心理特点，就能够迎合对方的喜好，轻松地与之交流和沟通，并赢得对方的好感；如果不顾对方的心理需求，极易引发人际关系紧张、尴尬，甚至是矛盾冲突。

恰当运用心理博弈是与人交往的重要策略，很多销售精英都深谙人心，特别擅长利用人的逆反心理。他们不会片面地、滔滔不绝地兜售产品，而是更注重客户的感受。

一家私企的老板，常开的私家车已经有些破旧，总是发生故障，他想入手一辆新车。消息不胫而走，身边不少从事汽车销售的人听闻后，都纷纷向他推

销新车。他们总是介绍那些车子的性能多好，有的还嘲笑他说：“您那辆车都那么旧了，还在开，有点不合身份了。”每次听到这样的说辞，那位老板都很反感，他总觉得这些人就是为了向他推销车，素质也不太高。他心想：我就是不买，不上你的当！

直到有一天，这位老板无意间遇到了某4S店的销售经理R。当时，他没有打算从R那里购车，但跟R深入交谈了一次后，他却改变了主意。原因很简单，就是在聊天的时候，R对这位老板说了一句话：“依我看，您这辆车还不错，至少还能再用上一年，现在换有点儿可惜，不如过一段时间再说吧！”他递给这位老板一张名片，没有多说，就主动离开了。

就是这样的举动，打消了这位私企老板的逆反心理，他觉得R挺真诚的，不是完全出于销售的目的跟他交谈。建立了这种友好的关系后，他觉得还是应该给自己换一部车。于是，几天以后，他主动给R打了电话，向他订购了一辆新车。

换作是你，会不会也和这位私企老板一样，选择找R购买新车？其实，不只是车，购买任何产品都一样，销售人员越是苦口婆心地劝你买，你越不想买，因为对此有戒备之心，没有完全建立信任感。对方越是强调产品好，我们就越容易质疑，总担心上当受骗，继而选择拒绝。

古语云：“己所不欲，勿施于人。”你不喜欢别人用这样的方式对待你，那就最好避免用同样的方式对待别人。博弈的时候，不妨利用对方的逆反心理，故意表明自己不想达成某种目的。当对方放下了戒备心，对你产生了一定的好感，他可能会主动朝着你所期望的方向做出调整。

39 | 想赢得朋友，为什么要让他“超越”自己？

——人最迫切的愿望，就是感受到自己的价值

1915年，第一次世界大战爆发之后，欧洲各国都加入了激烈的征战之中。为了实现人类的和平，维拉尔逊作了一个决定：派一位私人代表作为和平特使，与欧洲各方进行谈判。

国务卿博拉恩一直都主张和平，他很想获得该机会。如果这件事做成了，他既能够实现名垂史册的抱负，也能为更多的人谋得福祉。然而，维拉尔逊却没有把这项任务交给他，而是选择赫斯上校做了和平特使。

赫斯上校接受这样的使命，内心自然是高兴的，可他也面临着一个难题：必须把这个消息告诉博拉恩，还不能惹怒他。这确实是一件很棘手的事，该怎么处理才好呢？聪明的赫斯上校，在这场博弈中采用了一个非常高明的策略。

赫斯上校找到了博拉恩，把自己要去欧洲做和平特使的消息告诉了他。正如他所料，博拉恩非常失望地说：“我也希望自己能够做这件事，能为人类的和平付出一份力量。”赫斯上校听后，说道：“总统之所以没有选您，主要是因为这是一件任何人都能去做的事，派您去可能会引起别人的注意。人们会纳

闷：我们的国务卿去哪儿了？是不是发生了什么重要的事情？”

听到这样的解释，博拉恩的情绪很快恢复了平静。他坚信，不是总统认为赫斯上校比自己更有能力胜任这项任务，而是国务卿的身份太重要了，不适合做这样的工作。

事实是否真的如此，已经不重要了。重要的是，赫斯上校用这样的方式让博拉恩获得了尊重和满足。在处理这件事的过程中，赫斯上校抓住了一个重要的人际关系法则，那就是：尊重他人，满足他人的自我成就感，让对方感觉他很重要！

约翰·杜威教授曾说过：“人类最迫切的愿望，就是希望自己能受到别人的重视。就是这股力量促使人类创造了文明。”哥伦布喜欢别人称呼他为“海洋的司令”或是“印度的副王”；乔治·华盛顿喜欢被人称为“伟大的总统”。当雨果听说巴黎的部分街区重新用他的名字命名后，激动不已。就连莎士比亚这样的人物，也绞尽脑汁地想为自己的家族弄到一枚象征着贵族的盾形徽章，凸显自己的名声。

名人伟人如此，普通人也如

是。国外有一个小姑娘，某天突然间觉得自己长大了，要承担诸多的压力，而她自己又没做好心理准备，看不到未来的希望，就倒在了床上。接下来的十年里，她完全不能自理，终日由母亲照料生活起居。直到有一天，母亲精疲力竭地离开了这个世界。最初，小姑娘还是躺在床上，可是过了几个礼拜之后，她感觉也没什么意义了，竟然自己爬了起来，像过去那样自己穿好衣服，重新开始了自己的生活。

有一些疾病是可能会诱发神志不清，致人患上精神疾病的，比如脑细胞损伤等疾病。然而，现实中的情况是，因为这些生理原因诱发的精神疾病，所占的比例只有一半，而剩下的那一半，就像刚刚讲到的那个奇怪的小女孩一样，根本不是生理上的问题。美国著名的精神病专家表示，没有人知道具体的答案是什么，但有一点可以肯定，那些人在神志不清的状态下，可以体会到被尊重、被关心、被照顾的感受，而这种感受他们无法在现实生活中得到的。

一个人如果太渴望被人尊重、被人关爱，他就会用极端的方式来得到它，哪怕是失去理智、神志不清。事实上，我们完全可以通过赞美和欣赏的方式来阻止这样的悲剧发生，也可以利用人的这一心理，让他改变对某些事物的看法，化解冲突和紧张的局面，让自己跳出尴尬的境地。

事实上，我们身边的每个人，都有各自的优点，以及值得他人学习的地方。我们要做的就是，努力让他们体验到这种感受，不留痕迹地让他们感受到自己很重要。这种方式既能够成全他人，也能为自己赢得友谊和信任，何乐而不为呢?

40 | 怎样运用激将法，才不会把激将变成辱将？

——认同对方的价值，激起正向的情绪

H经营着一家中等规模的企业，虽然平日里业务很忙，但还是经常带妻女出去旅行。

有一次，他和妻子到香港玩，在一家商店里，妻子看上了一枚翡翠戒指。H一看标签，价格是3万元，心里就有点犹豫了。这时，漂亮的售货员主动走过来介绍说："刚刚有位从日本来的使馆夫人，也看上了这枚戒指，只是嫌价格太贵没有买。"

听到这儿，H的好胜心油然而生，立刻付款给妻子买了这枚戒指。

每个人的购买动机都不一样，有的人是真的需要，有的人是为了满足新、奇、美的心理，还有的人为了满足好胜心。在给顾客推荐商品的时候，售货员很精明，她巧妙地运用了激将法，击中对方的要害。为了挽回面子，H先生果然就下单了。

激将法的运用，已经不是什么新鲜的策略了，但从古至今一直都很受用。《孙子兵法》中提到过一个"怒而挠之"的策略，说的就是对于那些容易暴怒的敌将，可以用挑逗的方式来激怒他，使其失去理智，轻举妄动。从心理学的角度来说，激将法就是利用他人的自尊心和逆反心理，用“刺激”的方式激发出对方的不服输情绪，让其将自己的潜能发挥出来，从而得到不同寻常的效果。

在运用激将法的时候，也得讲究方法和技巧，不能一下子把对方激怒。有时，我们可以采取隐秘的手段，适当地给予对方刺激，让其进入提前预设的激动状态中，如愤怒、羞耻、不服、兴奋等，导致对方情绪失控，然后去做你想让他做的事。

在商务谈判中，场外的行动会对双方的注意力产生影响，可以对商谈者起到一定的刺激作用。比如，谈判期间，同时跟另外的商家接洽；在谈判过程中，突然有其他客商找上门来，暂时中断正在进行的会谈；直接和其他客商交

换资料……这些都是让双方敏感的举动，可以暗示给对方很多东西，使对方有一种紧迫感。

激将法很考验口才，毫不夸张地说，激将语言是各种语言技巧里，最为猛烈的一种。在使用的时候，一定要注意对方的心理承受能力。这就跟治病一样，必须要对症下药才有效。如果药开错了，不仅不能治病，还可能带来麻烦。

首先，你得选择合适的对象。被激的对象，必须是那种有着强烈自尊心的人，否则的话，你很难激起他内心的力量。通常，年纪小的比年纪大的人容易激动；见识少的比见识多的人容易生气；越是穿着打扮讲究的、争强好胜和受人尊重的人，越怕别人看不起。另外，激将法用在比较熟悉的人中间比较好，如果用语言去激陌生人，很容易被认为是羞辱和蔑视，惹来麻烦。

其次，要选择合适的时机和内容。激将法要根据具体的时间、具体的人物来定。没考虑好的时候，或者话说得太早了，没有掌握住最恰当的时机，都可能无法发挥效用。语言的内容也要有分寸，不痛不痒不行，太过尖刻也不行。为了保证达到目的，却又避免适得其反，有人经常会用暗激法，就是不明着刺激对方，而是用褒扬其他人的方式，促使对方做出改变。

总而言之，激将策略的实质就在于，从对方在意的角度去激对方，让对方感到不再是愿不愿意这么做，而是应该和必须这么做。当然了，在运用的过程中必须考虑对方的实际思想、个性、心理承受能力，对其期望、刺激要适时适度。只有实现了心理上的沟通和“相容”，才能在让激将法在博弈中发挥最佳效应。

41 | 总是受惠于人，多数人为何都觉得别扭?

——活用互惠原则，施恩受惠皆要有度

人是理智和情感兼具的动物，且情感的作用往往大于理智。大量研究表明，人际关系的基础是人与人之间的相互重视与相互支持：“给予就会被给予，剥夺就会被剥夺；信任就会被信任，怀疑就会被怀疑；爱就会被爱，恨就会被恨。”

其实，这就是我们常说的互惠原则：当你以友好的姿态对他人表示接纳和支持时，对方也会觉得“应该”给予你相应的回应，继而产生一种心理压力，迫使自己也做出相应的友好姿态。

1985年的埃塞俄比亚，可谓饿殍遍地、贫困潦倒，经济完全瘫痪。连年的干旱和内战彻底摧毁了食物供应，成千上万的国民因疾病、饥饿而死。在这样的困境下，如果是墨西哥向它捐出5000美元的救灾款，大家不会觉得有什么，可报纸刊登的消息却称，埃塞俄比亚红十字会的官员决定向墨西哥捐赠5000美元，帮助当年墨西哥城地震的灾民。

为什么会出现这样的情形呢？虽然埃塞俄比亚当时急需援助，可1935年意大利入侵埃塞俄比亚时，墨西哥向他们提供过援助。听到这样的解释，你是不是觉得能理解了巨大的文化差异？千山万水的阻隔、严重的饥荒、几十年的岁月、眼前的私利……这么多不利的因素，都没有阻碍埃塞俄比亚人报恩的需求——偿还人情债的义务感战胜了一切。

这就是互惠原则的威力所在！如果不选择回报，就要背负令人难以忍受的负债感，没有人愿意承受这样的重担。一旦受惠于人，就如同芒刺在身，总是不自在。对绝大多数人来说，宁愿痛痛快快地付出比自己所得还要多的东西，也不要让心理承受负债的压力。此外，一个人如果接受了他人的恩惠而不打算回报，在社会群体中也是不受欢迎的。

在人际关系的博弈中，互惠原则必须要牢记于心。想赢得他人的喜欢，又不至于给自己带来麻烦，有两件事情一定要处理好，其一是正确地施恩，其二

是懂得拒绝。

真正有益的施恩，是不让对方产生反感，也不让对方觉得理所当然，这就要求把握好一个“度”。前面我们讲过，有些人喜欢用施恩的方式来操纵人，在施恩的同时暴露自己的需求感，给对方造成强烈的压力。

正所谓：“己所不欲，勿施于人。”要让对方念你的好，那么最好在对方有某项需求的时候，去满足他的需求，比如对方情绪低落，需要人关心，你在这个时候给予他一些安慰，效果就出奇得好。要知道，雪中送炭远比锦上添花要让人感动。

当你对一个人好的时候，千万不要让他认为，这是理所当然的事。学过心理学和生物学的朋友都知道，单一刺激反复进行，所产生的兴奋程度就会降低。所以，为了让这种施恩的行为能够持续产生兴奋，就要让它随机发生，并且这种行为每次间隔时间要长一点，最好让对方每次都意想不到。

如果能做到这两点，那么你对对方的施恩行为，就会得到对方的回馈。时间久了，因为交流得多，舒适感也会增加。由于都是正向的反馈，安全感也会增加，彼此的关系就能更近一些。

接下来我们要说的，就是不让自己被人用互惠原则操纵。比如，有人在街上送了你一件礼物，而后问你要捐款，东西你已经收了，自然也就不好意思不捐。可是，你内心却有一种被绑架的感觉，很不舒服。到最后，我们都不敢再接受陌生人的善意了，害怕由于互惠原则，对方向我们所求更多。

面对一些无法确定是否有目的的施恩行为，我们要懂得拒绝。这样的话，可以避免对方使用这种行为获得收益，下次故伎重施。拒绝还有另外的好处，就是当你拒绝了一件不太好的东西时，可以展示出你是一个特别的人，这也是很有吸引力的品质。当然了，拒绝也要讲究技巧，要委婉而不失教养，体现出自己的高情商。

考古学家理查德·李基说：“我们能够成为人类，是因为我们的祖先学会了在一个公平的偿还网络中分享食物和技能。”这是心理平衡性的作用，也是互惠原则的来源。灵活地掌握这一原则，就可以有效地影响他人，轻松掌控事情的局面。即便是跟自己产生过隔阂的人，在接受了你的施恩后，一样也会想到回馈，这样就给彼此未来的融洽相处带来了转机。

42 | 乐器都买回来了，不去报课岂不是浪费了？

——死扛不如放弃，认赔服输更明智

你有没有遇到过这样的困惑：在某一件事情上倾注了大量的心血，进行到一定程度的时候，却发现不宜继续下去了。然而，苦于各种原因不得不将错就错，继而陷入一种欲罢不能、骑虎难下的境地？此时，你实在不知道该如何抉择，就只好守着眼下的境遇得过且过。

知道吗？这并非你个人的问题，而是大多数人的通病，博弈论中将这种情况称之为“协和谬误”，它体现的是一种矛盾犹疑的心理博弈。陷在这样的矛盾中，人很容易丧失理性，在失误中越陷越深。

协和谬误的说法与20世纪英国和法国联合研制协和飞机有关。

20世纪60年代，英法两国政府联合投资开发大型超音速客机，即协和飞机。协和飞机机身大、装饰豪华并且速度很快。这一开发可谓是一场豪赌，单是设计一个新引擎的成本就高达数亿元。英法两国政府都高度关注此项目，竭力要为本国企业提供大力支持。

项目开展不久，英法两国政府发现：继续投资开发这样的机型，花费会急剧增加，但这样的设计定位是否能够适应市场，暂时不得而知。可是，要停止研制也很可怕，先前的投资将付诸东流。随着研制工作的深入，他们更是难以做出停止研制工作的决定。协和飞机最终研制成功了，但因为飞机存在的耗油大、噪音大、污染严重、运营成本太高等一系列的问题，无法适应市场竞争，英法政府为此蒙受了巨大的损失。

其实，在研制的过程中，如果英法政府能及早放弃，是可以减少损失的。但两国都没有那么做，到后来因为飞机出现种种问题，才宣布协和飞机退出民航市场，依然是无奈之举。可见，当人们决定是否继续做一件事情的时候，不仅仅是看这件事对自己是否有益，还很在意自己在这件事情上是否有过投入。

有位母亲希望自己的孩子学习音乐，就给孩子买了一架小提琴。可惜，孩子生性好动，喜欢体育运动，对音乐完全无感，根本就不愿意碰小提琴。可母亲觉得，乐器都买好了，如果孩子不学，那就太可惜了。

为了让孩子喜欢上音乐，母亲还特意请了一位音乐学院的小提琴老师，给孩子进行专业辅导。然而，这样的用心良苦并没有让母亲如愿，孩子依旧对音乐不感兴趣。母亲每个月支付着昂贵的家教费，可孩子的小提琴水平没有得到多少提高。半年以后，这位母亲不得不放弃。

纵观整件事情：母亲一开始是为了不浪费购买小提琴的投入，强迫着孩子去学，到最后却浪费得更多。这就是协和谬误在现实中的呈现。当我们对某件事情投入了精力或成本后，如若没有看到结果，我们选择的不是停止投入，而是继续投入。究其原因，不全是因为不理智，更多的是陷入了欲罢不能、进退两难的心理困境。

在日常的工作、生活、学习中，类似协和谬误的情形并不鲜见，比如炒股、择业、投资等都会经常有类似的情况，能够因祸得福的往往都是小概率事件。如果对此不加以理性的分析，始终不愿割舍之前的投入和付出，抱着侥幸心理，或者自欺欺人的态度去盲目追求可能性非常渺小的受益，其结果只能是在同样的事情上付出更大的成本。

协和谬误告诉我们：在开始做一件事情之前要慎重考虑，在掌握了足够信息的情况下，对可能的收益和损失进行全面的评估；一旦发现事情发展的势头不好，要勇敢地承认现实，认赔服输，避免更大的损失。

43 | 电影无聊透顶，你会不会起身离开影院？

——沉没成本收不回时，减少机会成本的损失

协和谬误之所以会发生，主要源自两个问题：一是损失憎恶，一是沉没成本。所谓“损失憎恶”，实质就是害怕浪费资源；而“沉没成本”，就是那些已经发生的、不可收回的支出，如时间、金钱、精力等。

在正式完成一项任务之前，我们都会投入成本，如果没有得到好的结果，之前的一切就等于白费了。我们常常会因对沉没成本感到惋惜和眷恋，选择继续原来的错误，不料却陷入更深的坑洞，损失得更多。

A每天都要搭乘公交车上班，从他家到公司有两个选择：一是直接坐大公交车，但不能直达公司，还要走一段路，必须经过一个超市和一个早市，大约需要10分钟；二是走到大约30米开外的街角，搭乘小巴直接到公司。由于A每天要带便当和电脑，穿过早市很不方便，所以他通常都会选择第二种方式出行，即乘坐小巴直达公司。

一天早上，他在小巴站点等车。由于小巴车每次发车间隔的时间较长，也不太准时，他等了很久，依然不见小巴车的影子。他心想：已经等了这么长时

间了，就再等等吧！凭经验，如果能在7点40分坐上小巴车，一般是不会迟到的。

时间很快就到了7点40分，小巴车还是没来。他只好选择坐出租车，可到了这个时候，出租车也不多了。更倒霉的是，虽然他最后搭上了出租车，可还是迟到了。结果就是，他不仅花了打车的钱，还失去了全勤奖。

从理性的角度来说，我们不应该在决策时过多地考虑沉没成本。

2000年12月，英特尔公司决定取消整个Timna芯片生产线。Timna是英特尔公司专为低端PC设计的整合型芯片。启动这个项目时，公司认为今后计算机减少成本可通过高度集成的设计来实现，因而希望开发出整合型芯片，以适应未来市场的需求。

然而，后来的PC市场发生了巨大的变化，PC制造商通过其他系统降低了成本，整合型芯片并没有如预期那般获得大量的市场需求。英特尔公司认清了这个现实，果断地停止了Timna项目，避免了更大的支出。

在博弈场上，每一个决定做出后都很难收回。正所谓：开弓没有回头箭。如果决策是错的，最好的办法就是“壮士断腕”。这一点，不管是在政坛、商场，还是在工作、生活中，都是适用的。对待那些无法挽回的损失，我们应当秉持一份平和的心态，不要因为不甘心而投入更多无效的成本，徒然地增大损失。

诺贝尔经济学奖得主、美国经济学家斯蒂格利茨曾经做过一个比喻：“假如你花费7美元买了一张电影票，你会怀疑这个电影是否值7美元。看了半小时后，你最担心的事得到了证实：影片糟糕透了。此时，你应该离开影院吗？在做这个决定时，你应当忽略那7美元，它是沉没成本，无论你离开影院与否，钱都不能收回。”

斯蒂格利茨用了一个非常简单的例子，告诉我们什么是沉没成本。同时，他也指明了对待沉没成本应当持有的态度，那就是忽视它、舍弃它！话虽如此，可回归到现实中，多数人还是会强迫自己看一场根本不喜欢、不满意的电影，原因就是怕浪费了买票的钱。为此，他们将会在电影院里百无聊赖地浪费更多的时间和精力。

从博弈的角度来说，其实是得不偿失的。除了沉没成本，我们还应当考虑到机会成本。所谓机会成本，就是指因为做一件事情而失去做另一件事情的机会。通常，沉没成本是显性的，机会成本是隐性的，我们通常会因为过于关注沉没成本而忽视机会成本。

还以看电影为例，明明已经发现电影不是自己喜欢的，却还要固执地待在电影院里，甚至以睡觉来打发无聊的时间。显然，这无异于浪费时间。倘若果断放弃，把剩余的一个小时用来读书或锻炼，无疑也是一种收获。从经济学角度上说，当沉没成本收不回的时候，减少机会成本的损失，才是理性的。

当我们面临艰难的抉择，考虑该不该放弃时，不妨分析一下沉没成本和机会成本。在权衡取舍中，理性选择倾向于机会成本低的东西，而放弃机会成本高的东西。可以说，人在决策时考虑到机会成本，这个决策会更加理性、明智。

人生本就是一个不断选择和放弃的过程，想要有所成就，就得鼓起勇气放弃那些我们并不真正需要的东西，而去抓住自己真正感兴趣的、能给自己创造利益的东西。别为沉没成本感到不甘，把懊悔和执拗的时间用在机会成本上，生命才能求得它的最大价值。

44 | 为什么所有赌徒都是输光了才后悔?

——越想翻本输得越惨，懂进退才是明智

1962年2月8日，美国在越南西贡设立了军事司令部，正式开始介入越南战争。随后，美军对越南南方的游击队进行了疯狂的扫荡和围剿。从1962年到1964年，越南南方游击队反扫荡斗争进行了40多次，美军伤亡2000余人。到1964年，越南南方游击队解放了南方2/3以上的土地和700万人口，美军遭受重创。

在这样的状况下，美军就像是红了眼的赌徒，不断增兵。到1968年，在越南的美军各兵种人数共计52.5万人。战争进入了白热化阶段，美军已经深深陷入了越南战场。1968年，越南南方人民向美军发起进攻，经过一个半月的激战，歼灭美军15万余人，给美军造成了沉重的打击，导致美军士气低落，美国国内反战运动高涨。

美国在越南花费了大量的人力、物力，却没有得到想要的结果，招致国内外的一致反对。1961年1月，尼克松就任总统时，华盛顿上万名群众高举“尼克松是头号战犯”的标语牌游行，吓得尼克松只好躲在防弹“玻璃罩”里发表

“就职演说”。

面对背腹受敌的窘境，尼克松希望美国走出越战的泥潭，但他还是有点不甘心，想通过谈判“体面撤退”。1969年5月14日，美国国家安全事务助理基辛格把苏联驻美国大使多勃雷宁请到白宫办公室。基辛格表示：“我必须十分坦率地说明白，如果这种无谓的痛苦继续下去，势必将影响其他方面的决定。这样拖下去对谁都没有好处。”

对于美国的计划，苏联的态度十分冷淡。此后，美国又进行了多方谈判，但进展很慢。1969年5月31日，侵越美军司令部宣布：自从1961年美国参加越南战争以来，美军官兵死亡人数不断攀升。尼克松上任4个多月，侵越美军平均每月死亡1000多人；截至目前，美军损失飞机5400架。

尼克松在撤军问题上的犹豫不决，终于酿成了苦果。谈判不成，尼克松只好选择撤退。1969年6月8日，尼克松在中途岛宣布：在当年8月底以前，从越南撤出美军2.5万人。这是尼克松政府从越南的第一次撤退。

尽管做出了这样的举动，但美国依然希冀着有奇迹出现。1969年11月3日，尼克松在白宫向全国发表了一篇电视演说，提出“边战、边谈、边化（越南化）、边撤”的主张，遭到了美国群众的反对。为了回答尼克松具有挑战性的电视演说，“结束越战新东源委员会”组织了大规模的抗议活动。

在万不得已的情况下，美国加快了撤军的步伐，驻越美军逐渐减少。1973年1月27日，美国经过长期谈判，与越南民主共和国在关于越南问题的《巴黎协定》上签字，宣告了美国在越南军事行动中的失败。美军撤出后，留下了2万多名军事顾问，并保留了相当规模的海空部队用来支援110万陆军与越军作战。

越战期间，美国向越南投下了800万吨炸药，远超过第二次世界大战各战场投弹量的综合，造成越南160多万人死亡和整个印度支那1000多万难民流离失所。当然，美国自己的损失也很惨重，5.6万余人丧生，30多万人受伤，耗资4000多亿美元，给美国造成了难以愈合的创伤。

有没有觉得，在越南战争这件事上，美国就像是红了眼的赌徒？赌输了钱，就想着继续赌下去，把输掉的赢回来；若是赢了，就想继续赢下去，让自己的占有欲进一步得到满足。

很可惜，他们忘了“赌徒输光定理”：在“公平”的赌博中，任一个拥有

有限赌本的赌徒，只要长期赌下去，必然有一天会输光。换句话说，在一次赌博中，每个赌徒都可能赢。谁输谁赢是偶然的，但长期赌下去，输光却是必然的。

这也提醒着我们：一旦发现自己陷入了骑虎难下的境地，或是意识到自己很难取胜的时候，不要继续挣扎，试图去博一个“翻本”的机会，及早撤退，把损失降到最低，才是明智的选择。在博弈之中，妥协放弃也是一个谋略，不懂进退之道的人，迟早会尝到失败的苦头。

45 | 半途而废，到底是不是一件坏事？

——学会审时度势，放弃错误的坚持

假如你是一家科学仪器公司的总裁，正在进行一个新的仪器开发项目。据你所知，另外一家科学仪器公司已经开发出了类似的仪器，通过那家公司的仪器在市场上的销售情况可以预计，如果继续这个项目，公司有将近90%的可能性损失500万，有将近10%的可能性盈利2500万。到目前为止，项目刚刚启动，还没有花太多钱。从现阶段到产品真正研制成功再到投放市场，还需要耗资50万。你会选择继续坚持，还是现在就放弃？

选择做这个项目，有10%的可能性会盈利2500万，有90%的可能性会损失500万，且该项目还没有投入太多资金。面对这样的情形，多数人都会选择放弃。然而，当事情变成了下面的状况时，你还会做出同样的选择吗？

你依然是这家科学仪器公司的总裁，对于新仪器的开发，你们已经投入了500万，只要再投入50万，产品就能研制成功，正式上市了。成败的概率和上面的案例相同，你会选择坚持做下去，还是放弃呢？

把这两道题给一些企业的负责人来做，对于第二道题，绝大多数人给出的回答都是“继续投资”。他们认为已经投入了500万，再怎么样也要试试看，说不定运气好可以收回成本。然而，懂得沉没成本的人，也许会明白：为了已经沉没的500万，有90%的可能非但收不回原来的投资，还会再赔上50万！

沉没了的成本，很像是一根“鸡肋”，食之无味而又弃之可惜。问题是，为什么人有时会犯“执迷不悟”的错误，甚至在撞了南墙之后，还不死心呢？

心理学研究表明，人天生有一种想把事情做完满的内在冲动。比如，你试着去画一个圆，在最后留下一个缺口，再看这个图案时，是不是总想把这个圆完成？ 这就是“蔡戈尼效应”。

1927年的时候，心理学家蔡戈尼做了一个实验：甲乙两组受试者，同时演算相同的并不十分困难的数学题。甲组一直演算完毕，中途并未受到干扰；

乙组在演算途中被要求停止，而后要求两组受试者分别回忆演算的题目。

结果，乙组的记忆成绩明显优于甲组。这是因为，人们在面对问题时，往往全神贯注，一旦解开了就会松懈下来，因而容易忘记。对于解不开或未解开的问题，就想要尽一切办法完成它，因而问题一直在脑海中徘徊，难以忘记。

在博弈中，这种心理效应对我们的影响非常大，且这种影响往往是负面的。报纸上曾经刊载过一条新闻：河南有一位执着的文学青年，高考落榜后就夜以继日地搞诗歌创作。他一篇篇地投稿，又一篇篇地被退回。一气之下，他跑到新疆去找灵感和机会，可去了很多地方，都没有人愿意收留他。

饿了五天的他，身体透支得厉害，精神也到了崩溃的边缘。无奈之下，他回到家，服下了一瓶毒药。被抢救过来之后，亲人们责怪他不懂事，父母还发誓今后再不认他。面对这一切，他沉重地说：“一个不幸的人选择了文学，而文学又给了我更多的不幸。”

要说这也是一个有目标、有抱负的青年，对自己喜欢的事也很有毅力，可为什么他最终落到了这样的境地呢？博弈是讲究成本的，为了某件事投入了大量的成本，到头来却发现这是一条走不通的路时，该怎么办？此时，最理智的做法，不是用坚持换奇迹，而是停下来想一想，观察一下，问问自己：这个方向对吗？是不是要转弯了？

一直以来，我们都被教导“坚持就是胜利”，但对于某些事情，坚持未必有结果，半途而废也不总是坏事。学会审时度势，看清问题的实质，放弃了错误的坚持，就是赢的起点。

46 | 什么都想要的人，为何最后会一无所有?

——两权相害取其轻，丢车保帅不可惜

有一种体积很小的海洋软体动物，身上长满了肉刺，主要以海底藻类和浮游生物为食，这就是海参。与海里的那些庞然大物相比，它们微不足道，但它有一种“特异功能”：在遇到庞大的对手时，瞬间把自己的五脏从体壁的裂口抛出来，然后快速地躲进洞穴里。丢了肠肚的海参，并不会就此死去。它在洞里休息几十天，肚子里还会长出新的五脏。

对海参来说，抛出肠肚的行为并不会让它真的死去，那不过是关键时刻保命的一种手段。自然界中还有一些动物，也懂得运用这个策略，比如壁虎。遇到危险的时候，它会咬断自己的尾巴，给自己一个求生的机会。

从动物的行为中，我们能领悟到很多东西。人生最痛苦的时候莫过于选择，因为有选择就有放弃。对一个人来说，如何选择是一种感情上的考验，更是一种智慧的考验。象棋上有一招叫“丢车保帅”，海参和壁虎的逃生方式，就是这一策略的现实版本，即舍弃一些相对次要的东西，维护相对重要的东西。虽然有时这种举动并非出自内心，但这着实是一种保全大局的智慧。

曹操在攻打袁术的时候，军队粮草紧缺，粮官前来请示曹操。曹操说：“可以先用小碗分发给众将士，以应一时之急。”粮官觉得此法不妥，说道：“这样做的话，士兵一定会抱怨，到时我们该怎么办？”曹操胸有成竹地说：“放心，我自有办法。”

粮官按照曹操的指令，给将士们用小碗分发了食物。果然，晚上军营里便怨声四起，众人皆言“丞相欺众”。这时，曹操偷偷地把粮官叫来，说问他借一件东西，以此稳定军心，希望粮官不要吝啬。粮官问：“丞相欲用何物？”曹操说要借他的头示众。

听到曹操说出这番话，粮官顿时愤慨万分，他争辩道：“我没有罪，我完

全是按照您的指示来做事的。”曹操说：“我当然知道你没有任何过错，可如果我不杀你的话，众将士就会造反；你死后，我会善待你的家属，放心吧！”曹操随即贴出布告：粮官故意用小碗，盗窃军粮，已正军法。就这样，粮官被斩首示众，军心终于稳定了下来。

粮官明明是按照曹操的旨意办事，但最终却被杀了头。有人觉得这是曹操的“奸诈”，让粮官替自己挨骂名。但若从大局上看，粮草短缺是事实，曹操如果不忍痛“舍车”，就不可能稳住军心。对于一个大军的领导者而言，这样做无疑是“舍小取大”。

我们可能不会遇到和曹操一样的问题，但是某些时候，他的这种做法却值得我们借鉴和学习。人的一生中总有很多事情需要做出决定，而且每个决定都很重要。如果同时有好几个问题摆在你眼前，而且都需要第一时间得到解决，你该怎么办呢？

这个时候，一定要选定一个最重要的决定，然后集中精力去做这个决定。其他的决定对于你而言也很重要，但若时间不允许，那就要学会放弃。

博弈中的赢家，多半都是充分运用脑力进行有效思考的人。可能你过去没有注意过这一方面，甚至认为这并不重要，那是因为你还没有遇到一些繁杂的问题。当你面临一个重大决策的时候，如果你没有习惯规划脑力资源，就可能无法作出决定，甚至作出错误的决定。

在小利和大利面前，我们必须舍得放弃较小的那部分，保全较大的部分，做一个能够权衡利弊的人。在面对危机的时候，也要懂得牺牲局部、保全大局，这与海参舍弃肚肠保命、壁虎断尾求生是一样的道理。

人生如棋，一着不慎，满盘皆输。为了保住帅，暂时丢掉车并不可惜，因为你还有取胜的机会。若是不舍得牺牲小利，到最后可能大利和小利全都错失了。生活最考验人的地方，不是如何做赢家，而是如何取舍，避免让自己落得一败涂地。只要青山还在，不愁没有柴烧。

47 | 现实中到底存不存在最理想的伴侣?

——没有最优解，只有相对满意解

每个人都渴望在现实中找到一个理想的伴侣，那这个心愿能不能实现呢?

两千多年前，哲学大师苏格拉底的三个弟子，就曾经为此问题向他求教。然而，苏格拉底没有直接给出回答，而是带着他们去了一块麦田，让他们依次穿过麦田，并在穿行的过程中摘取一株最大的麦穗。要求只有一个：不能走回头路，只能摘取一株。

第一个弟子刚在麦田中走了几步，就看见一株饱满的大麦穗，他心里很得意，以为自己是最幸运的人，毫不犹豫地就摘了。他接着往前走，可这一走就后悔了，前面竟然还有很多比自己刚刚摘的那株还大的。他满心遗憾，想着若能重新选择一次该有多好?

第二个弟子吸取了前面那位师兄的教训，他告诫自己：一定得沉得住气，千万不能犯他那样的错。一路上，他左顾右盼，东挑西拣，就为了寻找“最大”的麦穗。每次刚看到一株大点的麦穗，他就提醒自己：沉住气！后面可能还有更好的！可当他走到麦田的田边时才发现，前面几个“最大”的麦穗已经错过了，靠近地头的麦穗，长得都比较干瘪，他只好将就着摘了一株，虽然那不是他见过的最饱满的一株。

有了前面两位师兄的失败案例，第三个弟子可谓是在心理上做了充分的准备。他是这样想的：把整个麦田分为三部分，把前1/3的麦田里的麦穗分为大、中、小三类；在中间1/3麦田里对前面所分的类别进行验证；在最后1/3麦田里下手，摘取属于大类中最好的麦穗，虽然它不一定是麦田中最大最金黄的那一株，但迫于规则的限制，他已经尽可能争取到最好的结果了。最后，第三个弟子满意地走完了全程，也摘了一株相对饱满的麦穗。

对于择偶这个问题，苏格拉底给出的回答真是让人回味无穷。细想想，人生就跟穿越麦田一样，没有回头路，要知道“最好”的那株麦穗，总得付出一番努力。下手太早了，一进麦田就迫不及待地摘下一株看似很好的麦穗，可越

往后面走，才发现其他的麦穗更饱满，而自己却没有了再次摘取的机会，徒留遗憾。考虑得太多，总埋怨遇见的麦穗不够好，希冀着更好的，到头来却发现可选择的越来越少，最后只好将就一株来充数，心里尽是不满和郁闷。

这就是西方择偶观里一条非常著名的理论——麦穗理论：我们寻找人生另一半的过程就如同走进一块麦田，在穿过麦田的途中会有许多的麦穗吸引我们，致使我们挑花眼，不知哪一株才是真正适合自己的，自己应该摘取哪一株，因而就会感到迷茫，也会有遗憾和悲伤。

从经济学的角度来讲，任何问题都没有最优解，择偶也一样，只有最满意解或相对满意解。人人都想找到最佳伴侣，但现实和理想有差距，就好像摘麦穗一样，你摘下了一株，肯定还会遇见更饱满的麦穗，这是必然存在的。

让我们看看第三个弟子的选择，他选的麦穗也不是麦田里最大最好的那一株，却是他比较满意的。和我们共度余生的那个人，很可能也不是人群中最出众的，但只要他是你喜欢的、你满意的，就足够了。

其实，找到并摘下麦穗只是一个开始，重要的是得到了这株麦穗之后，你能否为它找一片合适的土壤，按时地浇灌、施肥、驱虫。如果你有耐心和能力把它照顾得很好，那么它很可能会成长得比现在更好。

48 | 为什么“鲜花”会插在“牛粪”上?

——择偶要多方考量，发挥先动优势

某报纸曾经刊载过这样一件令人费解的事：

某地区的农贸市场里，有一家卖米的店铺，门口挂着一个特殊的招牌：顾客每买本店一袋大米，都要“搭”一小袋沙子。呵，买东西给钱就是了，竟然还明目张胆地向顾客索要东西？这是什么道理呢？

店主无奈地解释了个中原因：该市场上销售的大米普遍都掺有沙子，掺沙子率最高达30%，平均也达到了10%。这家店的店主开始也不愿意昧着良心赚钱，可周围的同行都这么干，他家的生意被排挤得举步维艰，连基本的生存都难以维持了。

在无情的市场竞争和经济压力面前，他选择了同流合污。可是，店主的内心还是很纠结，实在不愿意看到白花花的大米里掺着沙子。于是，他就想了这么一招。

有人指责店主说，他的这种行为和明抢没什么区别，店主却反驳道：“真正缺德的是那些把沙子掺进大米里的人，我也是被逼无奈才出此下策。我这么做，就等于把沙子给你们捡出来了，不硌你们的牙，省了你们的事。再说，我也就搭了个市场上的平均数啊！如果不搭这沙子，我哪里来的生意啊？我靠什么生活下去啊？”

这种现象叫作“劣币驱逐良币”，它描述的是一种历史现象：在铸币时代，倘若市场上有两种货币——良币和劣币，只要两者所起的流通作用相同，人们就更倾向于使用劣币，而把良币收藏起来，或者积累多了再铸造成数额更多的劣币。时间久了，良币就退出了市场，只留下分量不足的劣币在市面上流通。

简单来说，就是人们愿意使用“坏”钱，不愿意使用“好”钱，结果坏的就把好的排挤出了流通市场。想想看，你在掏钱包买东西的时候，是不是也习惯性地先花破旧一点的钱，留下票面比较新的钱币？

道理都是相通的，把劣币驱逐良币的模式移到感情中，就出现了这样的情景：鲜花总是插在牛粪上，巧妇常伴拙夫眠！对这样的情况，很多人都会想不通，为什么许多漂亮的姑娘会嫁给一个各方面条件都不如自己的人？而那些各方面条件很好的男人，却娶不到和自己条件相当的女性？

其实，这主要是信心不对称导致的。在爱情博弈论中，由于不了解对方的心理及处境，继而产生了诸多的不确定因素。在这样的情况下，很多人不敢轻举妄动，而那些本来无一物的人却会选择放手一搏，结果赢得胜利。

我们可以把男生和女生分成ABCD四个等级来看。由于男性的控制性倾向，使得他们一般会降格选择异性伙伴，因此现实中的典型配对是：A男+B女，B男+C女，C男+D女，唯独剩下A女和D男。

毫无疑问，A女就是我们说的“鲜花”，而D男就是我们说的“牛粪”。A女心里很确定，D男是没什么市场的；而D男也确定，A女肯定是追不到的。这就导致了两个最有可能的均衡策略：在某种情况下，A女若是选择D男，D男肯定会接受；D男去追求A女，却不一定有结果。但反正D男也没市场，追不追A女都不会有损失，所以D男出于无聊或其他动机，还是有可能会去追求A女。

A女本身条件好，那些条件和她差不多、或是比她更优秀的男生，往往不会选择她，他们总觉得：“她条件那么好，怎么可能看上我呢？怎么可能没有追求者呢？”毕竟，男性在感情中更期待被女性认同和尊崇，他们担心在A女这里得不到这种需求。

A女在择偶这件事上，自然很重视稳定性，期待被呵护、被照顾。她们心里也会认为：太优秀的男性，身边肯定不乏美女，他们一定是自命不凡的，如果跟他们在一起，他们会觉得是自身吸引力大，是理所当然的，难有感激之情。况且，那么优秀的人，面临的诱惑也更多。

D男的情况就不同了。D男无比珍惜A女这样的“鲜花”，如果能跟她们在一起，D男会心存感激，这就满足了女人被重视、被欣赏、被呵护的需要，而这样的关系也更容易幸福美满。所以，D男的放手一搏，往往就抱得美人归了。

在外人看起来不太般配的“鲜花牛粪”组合，虽然与传统的“男才女貌”有点相悖，但从心理学角度来解释，就很容易懂了。当然，人心万变，凡事都有例外。不是所有的“鲜花牛粪”都是美满的，也不是所有的“俊男靓女”组合都靠不住。婚姻是否幸福美满，不是由外表决定的，它只是其中的一个因素，更重要的还在于经营。

这里只是提醒大家，在择偶的时候，不要单看外表。遇到了优秀的对象，别被对方的外表吓退，要从双方的价值观、经济条件、受教育程度、社会关系等多方面进行考量。如果你是D男，大胆去追求喜欢的A女，只要你是真诚的，也可能有好的结局。如果你是A女，多点自信和他信，敢于自我突破，也能实现相对较优的组合。

说到底，“鲜花”也好，“牛粪”也罢，在爱情的博弈里，每个人都要从自身实际出发，尽可能掌握对方更多的信息，并在此基础上发挥先动优势，主动出击。这样，才有可能找到属于自己的幸福。

49 | 不确定是否真的喜欢，可又害怕错过？

——没有余地的选择，本身就是伪选择

17世纪30年代，英国有一位叫霍布斯的马场老板。

每次卖马之前，他都会向所有顾客郑重承诺：只要您给出一个低廉的价格，就可以在我的马圈中随意挑选自己喜欢的马匹。只是有一个附加条件：挑选好的马匹必须经过他设计的一个马圈们，能够牵出马圈门的，生意就顺利成交；牵不出去的，生意自然就黄了。

多少人跃跃欲试，总想着有便宜可得，但其实这是一个圈套。

霍布斯设计的那个卖马专用马圈门，是一个很小的门，那些大马、肥马根本就过不去，能牵出去的都是一些小马、瘦马。显然，他的这个附加条件就是在告诉顾客：好马，你不可以选。可惜，太多人都没有意识到这一点，在马圈里选来选去，自以为挑了一个大的，完成了满意的选择，可到最后却发现，不过是空欢喜一场。

后来，人们就把这种没有余地的“挑选”，称之为“霍布斯选择”。看似是把选择的权利交给了你，但其实你根本没有选择的余地。在爱情的世界里，这样的情况也经常会出现。

有些人在选择另一半时，虽然也是放开了条件，却都把目光锁定在自己的社交圈子里，选来选去，还是上演了“霍布斯选择”的情景。抑或在被一个人追求的时候，虽然内心并不太确定对方是不是最合适的人选，但鉴于对方的殷勤付出，就想着“错过了他，可能就再也碰不到了”，继而糊里糊涂地做出了选择。时隔很久，才发现当初的自己想得太片面了，应该跳出那个圈子，敞开自己的心，而不是把所有的关注点都放在“选不选择那个人”身上。

很多处在亲密关系中的人，说是要给对方充分的空间和自由，可当对方真

的去享受自我空间，按照自己喜欢的方式去生活时，他们又开始指手画脚。看到对方没有按照自己的意愿来做，就表现出不高兴，甚至是“不换脑就换人”。结果，闹得关系很僵。

社会心理学家指出：谁陷入了“霍布斯选择”的困境，谁就无法进行创造性的工作、学习和生活。道理很简单，在“霍布斯选择”中，我们自以为做出了抉择，实际上思维和选择的范围特别小。有了这种思维的限制，当然就减少了自己主观能动性发挥的空间。

从这个角度来说，“霍布斯选择”就是一个陷阱，让我们在进行伪选择的过程中自我陶醉。要知道，任何好与坏、优与劣，都是在对比选择中产生的，只有拟定出一定数量和质量的方案对比选择、判断，才有可能做到合理。如只有在许多可供对比选择的反感中进行研究，并能够在对其了解的基础上进行判断，才算得上判断。

在我们尚未考虑好多种选择前，我们的思想是闭塞的。倘若只有一个选择，就无法对比，也就难以辨认其优劣。没有选择余地的选择，就等于无法判断。记住这句格言吧：“如果你感到似乎只有一条路可走，那很可能这条路就是走不通的。”

50 | 为什么越想亲密无间，越会适得其反？

——人与人交往，应留有一定的余地

刺猬取暖的法则，想必你也曾听过：两只刺猬在寒冷时相依取暖，靠得太远难以感受到对方的温度，靠得太近又会让彼此受伤，经过一段时间的磨合后，找到一个恰当的距离，既能互相取暖，也能让彼此安然无恙。后来，心理学将其称之为“刺猬法则”。

生活中的刺猬法则，通常用来比喻人际交往中的心理距离。爱情是一种亲密关系，但也跟其他交往一样，需要掌控一个度，过犹不及。如果两个人在一起过于亲密，以至于没有了自己的空间，在幸福之余就会感到“有点累，有点烦”，生活中的矛盾也会不断增多。

梦佳很爱她的男友达达，为了达达她放弃了出国的机会，因为她担心距离会把他们分开。上班的时候，她每天都要达达挂上QQ，自己在公司里的大事小事她总是第一时间给达达“播报”；下班后，她总会到达达的单位门口等他，两人一起吃晚饭，每天分别的时候都恋恋不舍。别人都看得出梦佳对达达的爱，可是达达心里却有说不出的苦。

达达总是对朋友说：“我们不在一起的时候，我确实很想她。可是在一起的时候，我却有点烦她。也不是我的要求太高，我只不过渴望有点自己的空间。周末我想去打打球，可梦佳总是拉着我去逛商场；晚上下班我想和朋友们侃侃大山，出去喝点酒，可她却要跟着，一会儿不让我做这，一会儿又不让我做那，真是烦死了！”

了解了达达的难处，好友也暗示过梦佳：给男人一点空间。可梦佳却觉得自己渴望和达达时时刻刻在一起也没有错，毕竟她也是因为爱达达才这样做。不过，她的爱太沉重了，达达终于不堪重负地向梦佳提出了分手，理由很简单，只有一首诗：生命诚可贵，爱情价更高。若为自由故，两者皆可抛！达达告诉梦佳，在爱情和自由面前，他更想要自由。

达达和梦佳分手的时候，看得出他也很难过。但听达达说这番话的梦佳，更是哭得一塌糊涂，她不知道自己到底做错了什么，苦苦央求着达达不要离开他。

无论是什么好东西，一次给多了也不好，恋爱更是如此。如果你的爱情是糖，一次只给男人一颗，那么他就总会想起糖的甜蜜，但是如果你给了他一百颗，这个男人恐怕要被你的糖甜到发酸、发腻，以至于想到你就会心里发慌，自然见到你就会逃之夭夭了。

爱情是甜蜜的，但它也有自己的秉性，这就如同仙人掌，它明明不需要太多的水分，而你却因为“爱”拼命地浇灌，结果可想而知。想要呵护自己的爱情，就必须掌握爱的秘诀，那就是适当地保持距离。

真正的爱是有弹性的，彼此不是僵硬的占有，也不是软弱的依附。相爱的人给予对方的最好礼物是自由，两个自由人之间的爱，拥有必要的张力。这种爱牢固而不板结、缠绵却不黏滞。

没有缝隙的爱是可怕的，令人生畏的，爱情在其中失去了自由呼吸的空气，迟早会因窒息而“死亡”。

怎么做才能够保持适当的距离，又让感情不褪色呢？

SHE有一首歌叫《半糖主义》，里面是这样唱的：“恋爱需要半糖主义，若有似无的甜才不会觉得腻。”这就是答案，要一个独立的半糖恋人吧，不用死死地绑着对方，有自己的小世界。你可以构思一个可爱的行程；你可以自得其乐；你要有自己的朋友，有自己的爱好。这样的恋人，才会让对方产生吸引力，让他渴望靠近你。

51 | 婚前看他都挺好，婚后看他全是缺点？

——生活中的美好，在于寻找和发现

一个饥肠辘辘的人，突然发现自己眼前有一篮子面包。吃第一个面包的时候，他觉得简直就是人间美味，幸福极了。流着口水吃第二个的时候，也觉得味道很好。当他吃到第三个、第四个时，会觉得没有刚刚那么好吃了。等到了吃第五个面包的时候，他会觉得有点儿腻了，甚至再也不想吃面包了。

面包还是原来的味道，为什么这个人的幸福感却越来越低呢？这就是幸福递减定律造成的，即人们从所获得的事物中感受到的满足感和幸福感，会随着所得到事物的增加而递减。

生活中这样的例子很多，比如一个人没钱的时候，拼命地想变有钱，认为钱是世界上最重要的东西。可当他变成富翁后，却发现有钱也不是一件很快乐的事，他再也没有当初想要挣钱时觉得有钱是幸福的那种感受了。

爱情的世界里，也存在幸福递减定律。刚谈恋爱的时候，怎么看对方都是最好的，在一起觉得幸福无比。可婚后几年，却感觉生活特别乏味，满眼都是对方的缺点，日子怎么过都觉得无趣。

事实上，日子真的有那么糟糕吗？未必。我们感觉没有原来那么幸福，不是因为幸福少了，而是我们所处的环境变了。当所处的环境很艰苦的时候，一点儿好事都能给自己带来莫大的欣慰；可当身处优渥的环境里，本身已经很幸福了，可对于这种幸福的感受性就没那么高了，似乎非要出现一件很重要的事，才能让自己感觉到幸福。

想要不被幸福递减定律干扰，最好的办法就是，努力发现和感受生活中的小确幸。

一对年轻的夫妻，蜜月过后开始感觉到生活的压力。恋爱时的甜蜜开始逐渐被生活的琐碎之事替代。妻子因为家中不富裕而面带愁容，因为没有足够的钱就无法买新家电、出国旅行，也不能买喜欢的衣服和首饰。好在丈夫是一个乐观的人，看到妻子为了这些事愁眉不展，就开始想办法劝导她。

一次，丈夫的一位朋友生病了，他们到医院看望对方。朋友告诉他们：

“医生说，我的病是工作积劳成疾，总想着挣更多的钱，吃饭不规律，经常熬夜。早知道这样，我就不那么拼了。”

离开医院后，丈夫问妻子：“要是给你足够的钱，让你像她一样住进医院，你愿意吗？”妻子想了想，说：“不愿意，没有了健康，要钱有什么用呢？”

几天后，丈夫和妻子出去散步，路过一幢漂亮的别墅。一会儿，从别墅里走出一位白发苍苍的老者，丈夫问妻子：“让你住在豪宅里，但要变成和她一样苍老，你愿意吗？”妻子想都没想，就说：“我才不愿意呢！”

后来，他们所在的小城发生了一起抢劫银行的案件，几个抢劫犯在案发三日后被抓捕，都被判了重型。丈夫和妻子都看了这则报道，丈夫问他：“如果给你1000万，但得到钱后很快就死掉，你愿意吗？”妻子瞪了丈夫一眼，说：“你在诅咒我吗？别说1000万了，就是一个亿，我也不愿意！”丈夫笑了笑，说：“你看，我们还是很幸福的！至少有健康的身体，年纪轻轻的，还能依靠劳动创造财富。你还发什么愁呢？只要咱们努力，日子总会越来越好的。”

听了丈夫的话，妻子豁然开朗，心里的愁云立刻就散开了。

你看，幸福其实是一件很简单的事，关键就在于你是否善于寻找和发现。当你能从生活的点滴中感受喜悦的时候，你对幸福的敏感度就上升了。带着这样的心态去生活，你会觉得每一天都是新鲜的，而不会因为彼此在一起太久而生厌。

52 | 妻子从来不“吃醋”，为何会惹丈夫不满?

——用好嫉妒效应，醋意就是保护墙

爱情是自私的、排他的，深深地爱上一个人时，会不自觉地想要“独占”对方。当对方与其他异性接触，或是过于关注其他异性的时候，另一方就会产生反感或憎恶的情绪，即我们常说的“吃醋”。

人不会平白无故地吃醋，一定是非常在意对方，才会介意他关注别人。只是，有些人害怕流露出嫉妒的情绪，他们并非不在乎，而是刻意忍耐，用宽容和大度去虚释它。然而，这样的大度却未必能换来稳固的感情。

在一次聚会上，很多女人都在谈论自己的丈夫。其中一个新婚女人说，她从来不会因为自己的丈夫和别的女性交往而吃醋生气。当别的女士给丈夫打电话时，她会平静地把电话递给丈夫，她心静如水，从不打听是谁给他打电话了，他们是什么关系？因为，在她认为，就算老公和别人再亲热：晚上还是会跟自己回家，而不是去那些女人的家！

朋友们说这是一个非常幸福大度的女人，但是没过多久，女人的婚姻便亮起了红灯，原来丈夫已经和别人有染。女人暴跳如雷，恼羞成怒，感到天都塌下来了，质问男人：“我对你那么好，你为什么如此对待我？”

“我很爱你，即便是现在”，男人的回答大出女人的意外，“但是你呢？这么长时间以来无论我和别的女人做什么，你都不会吃醋，不会生气，一副无所谓的态度，我猜想你或许是已经不再爱我了，我不知道到底要怎样做才能让你在意我，所以我……”

看到了吧？适量的“醋”表明你很爱对方，很在意对方的行为，是爱情的良好调味剂。偶尔吃吃醋，某种程度上就跟像对方告白一样，可以激发对方的爱欲。同时，这种适当的“醋意”也能形成一堵保护墙，把你和对方守在里面，使感情不易变质。

在爱情的博弈中，“吃醋”并不是一件坏事，反而对感情有着不可替代的

积极作用。不要完全掩饰自己的醋味，偶尔吃吃“醋”，让对方感到自己在你心中的重要地位，在心理上获得极大满足，对方会以更多的爱回报你。

吃醋也是一种博弈的策略，需要讲究技巧。如果频率过高，表现过度，就会变成猜疑。于爱人和自己都是一种束缚，会令对方退避三舍，幸福也会离自己越来越远。

《红楼梦》里的凤姐是有名的醋坛子。贾琏与鲍二家的有染，她大哭大闹，不但逼得贾琏道歉，还逼得鲍二家的自杀了；后来得知贾琏偷娶尤二姐后，她又心生嫉妒，硬生生地逼得可怜的尤二姐吞金自尽……两条人命在她的醋坛子打翻后被“淹”死了，而她自己最终也落得个“三人木”，被休出家门，悲惨死去的地步。

总之，吃醋是一门艺术、一门学问，一如烹饪的学问一般，作为作料，少了味道进不去，多了酸味太浓，而量适宜，则恰到好处不酸不淡，是吃醋的最高境界，意“味”悠长，令人回味。想经营好感情，就要掌握好吃醋的尺度，吃得恰到好处，既让对方知道你的爱和在意，又不使对方感到不快和难堪。